别为难自己

别辜负岁月

陆小小 著

台海出版社

图书在版编目(CIP)数据

别为难自己,别辜负岁月 / 陆小小著. — 北京 : 台海出版社,
2018.12

ISBN 978-7-5168-2170-1

Ⅰ.①别… Ⅱ.①陆… Ⅲ.①人生哲学–通俗读物
Ⅳ.①B821–49

中国版本图书馆 CIP 数据核字(2018)第 260366 号

别为难自己,别辜负岁月

著　　者:陆小小

责任编辑:员晓博
装帧设计:快乐文化　　　　　　版式设计:通联图文
责任校对:张　池　　　　　　　责任印制:蔡　旭

出版发行:台海出版社
地　　址:北京市东城区景山东街 20 号　邮政编码:100009
电　　话:010-64041652(发行,邮购)
传　　真:010-84045799(总编室)
网　　址:www.taimeng.org.cn/thcbs/default.htm
E - mail:thcbs@126.com

经　　销:全国各地新华书店
印　　刷:北京柯蓝博泰印务有限公司
本书如有破损、缺页、装订错误,请与本社联系调换

开　　本:880mm×1230 mm　　　　1/32
字　　数:170 千字　　　　　　　印　张:7.5
版　　次:2019 年 3 月第 1 版　　　印　次:2019 年 3 月第 1 次印刷
书　　号:ISBN 978-7-5168-2170-1

定　　价:39.80元

前　言

1

一篇名为《在北上广，朝九晚五只是梦》的文章刷屏朋友圈，再度引发了读者对一线城市上班族生存现状的热议——"我们这么忙，究竟为了什么？我们得到了什么？又失去了什么？"

无独有偶，腾讯也通过一则《今晚，你有空吗？》的街采视频，向城市中忙于加班而忽视个人生活的都市高压人群，发出"腾出空儿，去生活"的生活态度主张。

生活中，很多人忙着各种自以为重要的事，忙到忘掉忙的初衷——不知道为什么而忙，也许，只是因为大家都在忙，时刻都在忙，所以一看到别人在忙，自己心里就会不自在。即使是"穷忙""瞎忙"，也要让自己"看上去很忙"才是。

当然，也有一部分人知道自己为什么而忙。无外乎是为了房子、车子、金钱、家庭……但是，在这样忙碌的生活中，他们却没有时间享受温馨的早餐，没有闲情享受空气中的花香，甚至对身边那个心爱的人也没有时间去抚慰关怀……结果，他们的忙碌，反而换来家人的埋怨，夫妻之间的疏离，子女对他们的冷漠……

因为，在匆忙中，他们错过了平静如水的心境，丢失了情深义重的情感，也失去了对生活的激情。于是，反过来，精神世界的空虚，又刺激着他们更强烈地渴望物质和财富，更加深陷在"穷忙""瞎忙"的恶性循环中。

2

"你写PPT时，阿拉斯加的鳕鱼正跃出水面；你看报表时，梅里雪山的金丝猴刚好爬上树尖；你挤进办公室时，西藏的山鹰一直盘旋云端；你在会议中争论时，尼泊尔的背包客正在一起端起酒杯。有一些穿高跟鞋走不了的路；有一些喷着香水闻不到的空气；还有一些在写字楼里永远遇不到的风景，不要辜负了心中，那个干净的自己……"

这是微博上非常流行的文艺句子，对很多人来说，是非常扎心的。

也许不是每个人，看了就可以实现一次想走就走的旅行。但是每个人看了，都会唤起心中那个"干净"的自己，会引发对岁月的反思和精神上的共鸣。

人生在世，免不了要担负起社会责任。每个人都有自己的社会属性，你可能是丈夫的角色、妻子的角色、员工的角色……但是，每个人的心里，还应该住着一个"自我"，那是真正意义上的"你"。

如果有一天，你的内心平静得如同静止的湖面，而且这种平静常驻于心中，那么，无论你走到哪里、在做什么，心中总会有一片碧海青天，而你的愉悦之感就会自心底油然而生。

3

本书是指导人们如何在忙碌的生活中获得内心平静的佳作，希望看完本书的读者，能让压力的灰尘得以沉淀、洗涤，让压抑的情绪得到放松，让匆忙的步调得以舒缓。

请让我们的心灵放松，放松的心，会更舒畅灵动。于是，我们会更有空间细细感受、细细咀嚼和品味生活——其实，世界没有那么复杂，我们也不必有那么多的顾虑。

我们需要的仅仅是，腾出点空儿去生活，不要为难内心那个"干净"的自己，更不要辜负了大好的岁月。

目 录

第一章

在不确定的世界,寻找确定的梦想

　　大部分人所得到的,和一开始追求的,都是相差十万八千里的,但我们不应该因此就放弃了自己的初心,至少,趁着自己还没有麻木,赶紧去看看自己最初的梦想吧,你怎么知道它一定不会实现呢?也许,只要你勇敢一点,一切皆有可能。

还记得年少时的梦吗

人，做自己喜欢的事、想做的事，才能够快乐。或许，在此过程中会遭到周围的人、环境的阻碍，但我们不该就此放弃自己的意愿，只要有一线希望，我们就要尽力去做。

1

婷婷是我的好朋友。在别人眼里，她是幸福的。嫁了一个好老公，只需要做"全职太太"就好，而且她还有公婆帮着她带孩子和料理家务。这样的生活，多少女人求之不得。

可是，她内心的苦楚又有谁知道呢？

婷婷说，高考时，她想报考旅游专业，可是，在家人的百般劝说下，她还是听了母亲的话，报考了金融专业。

大学时，她交往了一个男友，父亲却不同意。理由是他是北方人，父亲说，南方和北方的生活习惯相差太多，将来婷婷嫁给他，一定会不适应。抵抗不过父亲的百般阻挠，她最终还是妥协了。

在亲戚的介绍下，28岁那年，婷婷和本地的一个医生结婚了。

结婚后，丈夫自己开了一家小诊所，他要求婷婷辞职，帮他打理诊所，婷婷对医药上的事情一窍不通，但经不住丈夫的劝说，她只能辞职做了丈夫的助手。

孩子出生后，丈夫认为婷婷既要帮他打理诊所又要带孩子太累，提出把婆婆接来一起住，婷婷觉得，婆婆是个挑剔的人，如果住在一个屋檐下，自己一定会不开心的。可她还是强颜欢笑地答应了。不为什么，只是她觉得自己已经习惯顺从了。

但在某个深夜，婷婷突然会感觉异常痛苦和抑郁，她常常打电话给我，迷惘地问："为什么？似乎每一次重要的决定，都是别人替我拿主意。我这人生，仿佛不是我自己的……我一点儿都不快乐，心里总有块石头，压得我喘不过气。"

2

相比婷婷，我另一个女友林月，就勇敢地"为自己活"了一把。

林月毕业于一所师范大学，成绩优异，顺利进入一所大学成为一名计算机教师。那所学校里年轻的老师比较少，而年轻又漂亮的女老师更少。于是，美丽而温和的林月，很快就成了学生们心目中头一号受欢迎的老师。

父母和男友对林月的工作都很满意。但时间久了，她觉得每一天的内容都大致相同,今天是昨天的翻版,明天又和今天一样,学校里过于死板和平静的生活,让她感觉自己明显缺少了动力,变得焦躁不安。

这时,双方家长开始催促林月和男友结婚。男友的家人非常喜欢林月。而林月的妈妈也觉得那个男孩对林月不错。但林月突然觉得,自己不喜欢这种性格的男人,要是现在就和他结婚,仿佛看到了未来几十年的生活。

一边是死板平静的生活,一边是父母男友的逼婚压力。林月突然想把这一切都放手,冲出去,寻找自己的世界。

林月终于做出了一个让所有人都瞠目结舌的决定,辞职,进入一家软件公司,从零开始做起。半年后,她就做到了销售组长。只是和男友见面的时间不多了,而她日渐风生水起的事业和当初抛掉一切重新开始的信念,似乎给了男友更大的压力。最终男友提出了分手。

现在的林月33岁了,从星期一到星期五的作息时间是这样的:早上起床来不及吃早饭就匆匆上班,一直忙到中午,如果有时间就出去吃饭,如果没时间就让同事带点回来,然后一边吃一边忙工作,下午也一样,没有时间休息。一般她都要到晚上9点左右才能回家,洗漱,看会儿书或电视,就睡觉了。

很多朋友看到林月,都问,还不嫁人啊?

隐含的意思,就是林月是嫁不出去的那个人,连母亲都说,好好的非要做什么女强人,结果最后没人敢要你。当初如果结婚了,现在估计小孩都上幼儿园了。

林月对我说:"我真是很不喜欢女强人这个词,可是现在好像很多人都这样称呼我。只有我知道自己不是的,在35岁之前,事业对我来说很重要,而到35岁之后,我则会更注意去调节我的生活,比如,开个有氛围的文化茶吧什么的,做一些从前想做而没有时间做的事情,把节奏慢下来,让自己好好去享受做女人的乐趣。"

是的,我们要学会把自己的感觉叫醒,敞开心胸,放下种种担心和顾虑,勇敢地向着梦想前进,无论别人如何看,你都可以过得很快乐,你需要的,是真正属于你的人生,属于你的幸福啊。

3

日本最年轻的临终关怀主治医师大津秀一,在多年行医的经验基础上,听闻并目睹过1000例病患者的临终遗憾后,写下《换个活法:临终前会后悔的25件事》一书。其中,相当多人临终前的遗憾都涉及"没有做自己"。

比如,有的人一直渴望自己能换个活法;有的人遗憾没有做成自己想做的事;有的人感叹没有去成那个想去的地方旅行;还有人惋惜不曾表明自己的真实意愿……

为什么呢?也许,是害怕失去吧!所以,很多人做了保守的、稳妥的人生选择。放弃了自己那些在别人眼里看上去"异想天开"甚至"离经叛道"的梦想。但是,实际上,我们只有到了临终,才发现,其实,我们什么也带不走,一切功名利禄,都是过眼云烟。若是我们曾经追求了梦想,那至少还有回忆,而不会留下遗憾。

我们总会听到有人抱怨,"如果当初……,现在就能……"。可是,时间是不可逆的,人生就是一场单程的旅途。之所以会活得累,就是因为你给了自己太多的束缚,不敢打破规则。

趁着自己还没有麻木,赶紧去寻找自己最初的梦想吧。若你不去找它,那么它将永远会是你心里的一抹遗憾。

自己就是生命的掌舵手

如果人的高低贵贱都由天注定,那么世人拼搏的意义何在?天上是不会掉馅饼的,要掉的话只有陨石。漫漫人生路,你会发现,机遇并非无处可觅,它就藏在你的手中。

1

历史上,拿破仑曾经被随从指责残忍,毫无爱心。

故事发生在一次拿破仑去郊外打猎的途中,他拿着枪小心翼翼地走着,听到不远处有人在喊救命,他循声快步走过去,发现一个男子在一条河里拼命挣扎,呼喊救命。

拿破仑没有立刻跳下河救人,反而站在河边看了看,而后端起手中的猎枪,对着河里的男子,大声喊:"快点儿自己游上来,不然我就开枪打死你。"话音刚落,他立马朝水里开了两枪,距离落水男子只有几米远。

男子见拿破仑一副认真的模样,瞬间吓得脸色苍白,一时之间什么也不顾,奋力朝岸边游去。跟在拿破仑身后的随从露出难看的脸色,低声嘟囔:"真是一点儿爱心都没有,残忍至极。"

拿破仑看着落水的男子上了岸,收起猎枪和凶恶的表情,心平气和地说:"这河并不宽,我坚持让他自己游上岸,甚至不惜开枪逼他,不过是想告诉他,没有人对他的生命负责,自己的生命自己负责。"

2

我总觉得,毕业多年后的同学会,是一个神奇的场所,那些原本从同一条起跑线出发的同窗们,却各自走向了不同的人生轨迹。有的人事业有成,生活无忧;有的人却十年如一日,一直在打工糊口……赤裸裸的差距就摆在那里。

那些原地踏步的人自我安慰,玩笑似的说一句:"运气不好,如果我也……说不定现在谁羡慕谁呢。"可是,难道每一个人遇到幸运或者苦难的概率不是一样的吗?唯一不同的,是各自面对困境和厄运的态度。

迎难而上,拥有坚定意志的人能够创造出生活与事业的奇迹。知难而退,抱怨困难的人只能看着灾难在面前一点点变化,最后变成一道无法逾越的高墙。

俗话说,"天助自助者。"在词语的运用频率上,"自救"也远比"他救"高。的确,别人的出手帮助不过是昙花一现,不会产生实质性的改变。

自救,在人类进化的过程中,是"物竞天择,适者生存"的具体体现。适应不了大环境变化的物种,最终不可避免地走向灭亡,就像恐龙一样,最终被自然环境淘汰了。

每个人都有可能掉进生活和环境的"陷阱"之中,遭遇各种各样的挫折与困难,从而越陷越深,难以前进。此时,与其继续在"陷阱"中抱怨环境和生活的不公,或者一心渴望路过的人伸出援助之手,不如换一个思路,把遇到的挫折与困难一个个踩在脚下,站在它们之上,哪怕身处的是最深的陷阱,我们也能依靠自己的力量走出去。

3

我曾经听老人说过一则书本上的小故事。

很久以前,有个小孩上山去砍柴,砍着砍着,突然看到前面出现了一只老虎,他吓坏了,拔腿就跑,可老虎迅速追了上来。前面是悬崖,老虎还在步步逼近。

进退维谷,小孩就想拼一拼,说不定与老虎搏斗几个回合,能找到绝地逃生的希望,但就在他抓起斧子准备冲向老虎的时候,不小心一脚踩空,往身后的悬崖倒去。一瞬之间,求生欲燃起,他抓住了悬崖上的一棵小树,暂时保住了性命,但想到当下的处境,悬崖上是老虎,悬崖下是万丈深渊,四周是光滑的悬崖峭壁,简直是一处绝境。

就在这时,小孩看见对面山腰上有一位老爷爷,小孩扯开嗓子喊:"救命啊!救命啊!"老爷爷停下脚步,看到了峭壁上的小孩,无奈地回应:"我怎么救你?我根本想不出办法。你要不要试着自己救自己?"

小孩一听,涕泗横流:"你看看我这处境,怎么可能救自己呢?"

老爷爷又说:"要不你试着松开手?如果你一直抓着小树不放手,很有可能饿死,或者最后实在没有力气,掉下去。还不如现在,先松开手,万一悬崖下不是万丈深渊呢?"

小孩破口大骂,骂那只老虎,骂悬崖,骂见死不救的老爷

9

爷。骂着骂着,天快黑了,老虎还守着不离开,小孩又饿又累,手也酸了,眼看着不能紧抓小树了。这时,他想起了老爷爷的话,现在除了自己,好像也真的没人能够救自己;再这么死撑着,也只有一条死路,还不如现在松开手,说不定还有生存的一线希望。

他慢慢止住哭声,稳定了呼吸,转过头,朝悬崖下看,既然要掉下去,也得搏一搏可能性。于是,小孩细细地看,选择坠落的方向,他突然发现不远处有一小块绿色,有可能是草地。如果是草地,他松开手掉下去,最多受伤,但肯定能保住性命。

接着,他咬紧牙关,松开手,纵身一跃,朝那一小块绿色奋力跳去。周围是黑魆魆的一片,风在深谷里凛冽地吹,小孩害怕极了,但他不能闭上眼睛,他不断鼓励自己,只有冒险一试,才有活下去的可能。

他的眼睛直直地看着那一小块绿色,不断调整自己下坠的方向。最后,他真的落在了那一小块绿色上,那儿真的是一块草地。虽然没有办法站起来,但他知道自己还活着。后来,半山腰儿的老爷爷走了过来,急急忙忙背着他去镇上治伤。

很多时候,别人根本无法提供有效的帮助,唯一能依靠的真的只有自己。

每个人的人生,都掌握在自己的手中,的确,通过他人的帮助,我们有可能走得更高,走得更远,或者比自己单独走要更轻松,但你要知道的是,或许在这一段等待的时间里,别人已经攀登上了顶峰。况且,你并不知道,等待是否真的能够换来别人的帮助。

既然这样,在一开始,就不要抱着他人会来帮助你渡过难关的期待;在一开始,自己就铆足力气,毫不犹豫地走向未知的前方。

能长久是真兴趣

很多注重"兴趣"的人们,通常都有着率性而为的习惯;很多时候,他们想到什么事就会立刻动手去做,从来不会衡量孰轻孰重,从而导致做事三分钟热度。

1

亲戚的孩子叫小米,说起梦想,小米可是口若悬河,他从小到大有许多梦想,在每个不同的阶段,他的梦想总是不停地变。

小学时,他想当一个又帅又酷的运动员,就去参加了校内田径队选拔,侥幸通过了,却因为每天必须比别人早半个小时到学校训练而放弃退出。

初中时,英语老师年轻又美丽,激发了他当外交官的豪情壮志。但随着越来越多的单词和短语要掌握,他越发觉得无趣,再加上面对玩乐和同伴的诱惑,最后他连英文发音都记不全了,更别说搞懂似乎永无止境的时态变化了。

大学的时候,小米想毕业后开一家浪漫咖啡厅;再后来是正义化身的律师,还有画家、音乐家、医生等各行各业,他全在脑子里"从事"了一遍。也曾经"实践"过,比如,周一熬夜练吉他,周三却决定改练萨克斯,原因是练吉他让他手指头痛……

毕业了,小米的工作换过一份又一份。上班要看老板脸色,有时同事又难相处。他想,不如自己做老板。于是,小米的父母给了他一些钱,经营了一家网红雪糕店,但,他发现生意难做,要管的事情又多又烦琐。当老板一点儿都不容易。于是,他又将店铺让给了别人……

亲戚现在提起小米,就唉声叹气,跟我说:"这孩子废了,他对于任何事情总是只有三分钟热度,遇到困难就退缩,到现在还一事无成。"

2

很多人在做某件事情的过程中遇到任何阻碍,或是遇到需要花费大量时间、精力去解决的问题,他们就会立刻懒惰起来,甚至另外找一个"更有兴趣"的事情去重新开始。

大多时候,我们的工作内容或所就读的专业并不是我们真正"有兴趣"的事,但可以确定的是,每个人都会有自己的兴趣。

有些人觉得兴趣就是休闲,这样的人兴趣往往容易改变,他们今天准备游泳,明天想要登山,而大多时候,他们只是窝在家里的沙发上看电视里的运动赛事转播。这类人对于所有的兴趣都略知一二,却无一精通。

或许,有些人会认为:"这只是兴趣而已,干吗要这么认真?"但我们必须知道,在培养兴趣专业度的同时,也是在锻炼自己的工作或学业,使之更加精通。

有许多成功的人,他们专注于兴趣,并以此为乐,甚至在这项兴趣上的成就已经超越了自己的正职工作。最后,他们将兴趣化为工作,得到成功的同时也享受了人生的美好。

3

当然,我们并不是强调非得在某项兴趣上有成就不可,这样会给自己增加过多的压力。我们首先要做的是试着找出自己真正的兴趣,并为自己在这项兴趣上的成就设定一个目标。假如,你的兴趣是英文,就为自己设定一个简单的目标。

在一开始接触这项兴趣时,应先为自己订立"阶段性目标"。以刚才提到的英语为例，我们不妨先将"考过四级考试"定为阶段性的兴趣目标，当目标达成时，就可以停止这项兴趣，因为届时你也许会发现自己并不是那么想要继续下去。那么，完成目标时，你就可以另寻兴趣之所在了。

因此，要改变三分钟热度的懒惰基因，请试着一次只做一件事，并专注于这件事，直到完成阶段性的目标为止。

当然，我们必须了解，所谓的"一次只做一件事"并不是指"每次只能做一件事"，而是"坚持且专心地做一件事"。现今的社会步调快，大家的工作或是学业都十分繁忙，但是，还是有些人即使面对再多的事情都能够游刃有余。如果我们仔细观察这些人做事情的态度与方法，就会发现他们在做事情的过程中，总是十分地专注。

培养兴趣，就是做任何事情时都必须坚持，且专注于其中。接着，发掘自己真正的兴趣所在，试着在兴趣上培养专注力，为兴趣制定出阶段性目标，并努力达成这个目标。

记住，能坚持长久的，才是真兴趣！

你还欠这世界一份尽力而为

也许你并不优秀,但只要尽力而为,便有机会在困难中绽放光芒,拥有灿烂的人生;也许你很懦弱、胆怯,但只要尽力而为,困难并不是无法战胜。"尽力而为"是一座帮你通向幸福美好的桥梁。我们凡事不求完美,但需要尽力而为。

1

小时候,我在童话书里看过这样一个故事。

在一个遥远的王国里,国王的年纪渐渐大了,他需要在三个儿子当中选出新的国王。有一天,老国王把自己的三个儿子叫到跟前,说:"最南边有一座世界上最险峻的山峰,山顶上是一棵世界上最高最老的古树。你们三个人先后出发,谁能攀登上那座山峰,折下那棵树的一根树枝,带回到我的面前,谁就能继承我的王位,成为这个王国的新国王。"

大王子先出发,他背着行囊和装备走了。一个月后,他风尘仆仆地回到王国,手里拖着一根巨大的树枝。老国王满意地点点头。

二王子紧接着出发了,也背着行囊和装备上路了。两个月过去了,他才气喘吁吁地回到王国,身后拖着一根庞大的树枝。老国王也满意地点点头。

小王子最后一个出发,他也背着同样的行囊和装备。不过,四个月过去了,小王子才出现在城门口,身上的衣服又脏又破,脸上被晒脱了皮,一副疲惫不堪的样子,而且两手空空,连片树叶的影子都没有。

老国王诧异地看向小王子,小王子愧疚地低下头:"父亲,我按照您的指示,找到了最险峻的山峰,没日没夜地攀登,但是对不起,我爬到了山顶,始终没有找到您说的那棵最高最老的古树。对不起。"

"不用说对不起。"老国王握住小王子的手,"现在,我宣布,你将是这个王国新的国王。"

众人不解,便问国王,为何要将王位传给这位没能带回树枝的儿子?国王说:"那座山峰的山顶上,根本没有树。其他两个儿子带回的树枝,一定不是山顶上而是山腰儿中的。他虽然没有带回树枝,但他是我三个儿子中最努力的。因为他尽力而为,爬到了山顶。"

2

很多人,常常抱怨生活不给他机会和运气。殊不知,机会常常都是给那些凡事尽力而为的人。因为，这样的人更容易获得成功。

只有当你凡事尽力而为，才能到达令人臣服的境界。也许你努力了也永远达不到目标，但是，当你尽力而为之后，就不会给自己的人生留下遗憾。

就像保尔·柯察金关于生命的名言——"人最宝贵的是生命，生命对于每个人只有一次，人的一生应当这样度过：回首往事，他不会因为虚度年华而悔恨；也不会因为碌碌无为而羞愧；临终之际，他能够说，我的整个生命和全部精力，都献给了世界上最壮丽的事业——为解放全人类而斗争！"

穿什么鞋，得问自己的脚

人总喜欢羡慕别人，却忽略了自己所拥有的。很多人总是渴望获得那些本不属于自己的东西，而对自己拥有的却不加以珍惜。

1

从前有一个富翁,常年奔波在全世界,到处与人谈合作谈生意,生活十分忙碌。不过,因为事业蒸蒸日上,富翁获得了充足的成就感。

有一次,他飞到一座城市,与客户洽谈。生意谈得很顺利,比预期的时间短,富翁与客户告别后,看时间尚多,就到处走走。在一条马路的尽头处,看到一家烧烤店,招牌破旧,看似生意并不好。烧烤店店主大概四十出头,每天准备材料、烧烤、招待顾客、与顾客聊天……日子过得简单,他常常自得其乐。

那一天,时间还早,烧烤店还没有客人,店主就躺在门口的躺椅上,摇着一把扇子,舒服地享受着温和的阳光。富翁走得有些渴了,进去问有没有水喝,而后就与烧烤店店主聊了起来。

富翁看着烧烤店的简陋与店主的清贫,滔滔不绝地谈起自己的生活,每天到处奔波,大把大把地赚钱,无比充足,享乐人生。店主点点头,也分享起自己的生活,没有大富大贵,却也轻松快乐,无欲无求,也就没什么烦恼。

谈话结束后,富翁走了,他一路上都在想着烧烤店店主悠闲的生活方式,想到自己虽然大把赚钱,却难得有惬意自在的日子,实在是太可悲了。他忽然觉得内心充满了郁闷。

他没想到,烧烤店店主却也不安定了,想到自己开一个生意清淡的烧烤店,赚不到什么钱,每天还累死累活,于是,他满脑子想象着过上富翁的生活,内心抱怨命运不公平……

每个人都有自己的位置,原本在自己的位置上活得好好的,却突然羡慕起他人的生活。但你可知道,你在羡慕别人的时候,别人也在羡慕你?

2

我有两个初中同学,一个叫小薇,一个叫白莹。

小薇长得漂亮,身材高挑,还有一份令人艳羡的工作,有个收入不多却对她宠爱的老公。在很多人眼里,她无疑是个幸运的姑娘。

只是很少人知道,小薇出身普通家庭,也有着并不愉快的童年。童年的记忆中,母亲总是面色凝重、语气严厉,经常责怪小薇的成绩不佳,抱怨小薇不如别人家的姑娘聪明伶俐。

在很长一段时间内,小薇的内心是自卑而胆怯的,不敢在众人面前大声说话。这样的心理问题伴随了小薇很多年,直到离开母亲,独自在异地求学,她才渐渐地找到了人生的自信,后来,老公的爱和宽容给了她更多的自信和勇气,慢慢地,她蜕变成了今天这个自信优雅、坚强独立的现代女性。

白莹是小薇的大学好友,毕业后嫁了个富二代,过着少奶奶的生活。有空的时候,她总会约小薇一起吃饭、逛街、美容,挥金如土。一开始,小薇并没有太在意经济差异,时间久了,小薇开始羡慕起白莹的生活,并且抱怨着老公的收入普通。

在一段时间里,和白莹见面过后,回到家的小薇,就开始对老公有了诸多抱怨,抱怨老公在事业上的不思进取;抱怨他的不懂浪漫,平静的日子里多了些许的矛盾和摩擦。也不知道从何时起,相爱的两个人回家以后开始以沉默面对着彼此,仿佛是一栋房子里的两个陌生人。

直到有一天,满身伤痕的白莹哭着跑去找小薇。小薇才知道,原来白莹的老公虽有钱,却很花心,甚至会对她使用家庭暴力,白莹在大部分的婚姻生活中总是忍受着独守空房的孤独和寂寞。而听着白莹哭诉的小薇,坐在自己和老公一起去宜家买回的沙发上;看着在厨房里为她俩忙碌准备晚餐的老公;想着这段时间,老公对自己依旧不变的照顾和宽容;想起童年那个在墙角畏缩着的自己,小薇释然了,原来现在的自己是如此的幸福,拥有着虽平淡却踏实且独一无二的幸福。

3

是的,生活其实就像我们脚上穿的那双鞋子一样,要选择什么样的鞋子,我们首先得问问自己的那双脚,而不是去看别人的鞋子,难道不是吗?

世界上没有两片相同的叶子,也没有完全相同的两个人,每个人对于生活的理解也会各有不同。因此,没有谁可以取代谁,也没有一种生活会适合所有人。对我们来说,生活都是人生中最重要的一部分,我们首先要弄清楚哪种生活方式是适合自己的,其次要问自己的内心究竟想要什么样的生活,然后朝着那个方向努力,才能实现自己的人生理想。

人生无常,能来到这个世界,感受着这个世界上所发生的一切,诸如,花的盛开,草的萌生,天的晴朗,月的明媚,已是人生的一种幸福。每个人所感受到的都是自己独一无二的幸福。幸福无法攀比,无法复制,它只是那样或深或浅地存在于你的心里,在某一刻荡漾在你的胸怀,然后化作你脸上那纯粹的一笑。

不留退路,方获新生

大多数人,无论在事业中还是生活中,都会采取保守策略。面对未知的未来,我们通常会给自己留一条退路,以便在遇到困难时能够迅速挣脱,回到预留的退路上。但,真正大无畏的成功者,常常会勇敢斩断牵绊住自己的退路,他们从不曾想过为自己留退路。

1

我认识一个朋友,他样貌平平,但事业做得风生水起,旁人并不理解他为什么能够这么成功,直到他说起他的一个故事。

在创业期间,朋友曾经同其他三个创业者共同参加一个穿越丛林的比赛,主办方是投资商,说是希望考验创业者的特质。比赛规则很简单,每个创业者都会有一张地图,每张地图上都标明四条穿越丛林的路,谁能最快穿越,谁就赢了。

看着地图上密密麻麻的路线图,三个创业者心里没底,都不知道自己能不能走出去。于是,抱着试一试的心态出发了,一旦发现此路不通就立刻返回,选择另一条路。但朋友在起点处,二话不说从地图上撕下一条路,而后就出发了。剩下的三条路被扔进了垃圾桶。

三个创业者眼睛紧盯着地图,生怕自己走错,而对自己脚下的路却全然不顾,走着走着,就找不到前进的路了。当机立断,他们认为这条路不通,立刻原路返回,选择另一条路。结果,第二条路也走不通,再次返回,走第三条路,第三条路也不通……最后,四条路都被尝试了一遍,有一个创业者好不容易走出了丛林,而其余两个创业者却回到了原点。

而朋友自始至终只有一条路可走,他在大致看过地图后,一心往前走,路不通时,他就停下来,仔细研究地图,找寻出路。最终,他率先克服各种艰难险阻,第一个穿越丛林。

比赛结束后,投资商把奖杯颁给朋友,而后意味深长地说:"其实,地图上的四条路,无论哪一条,只要你坚持走,都能穿越丛林。"众人恍然。

2

无路可退的人往往更容易成功,因为没有别的选择,他只能竭尽全力地朝着既定的目标冲刺。想要成功,就必须斩断自己所有的退路;唯有不能后退,我们才会努力地前行,才能与成功胜利会师。

《蓝色狂想曲》举世闻名,人人赞之,却很少有人知道这首动听的交响乐是美国作曲家乔治·格什温在两周时间内完成的。

乔治·格什温从小立志做一名严肃音乐家,当美国著名的爵士乐指挥保罗·怀特曼为组织"现代音乐实验"音乐会而邀请他写一部交响乐时,他二话不说就拒绝了。因为固执的乔治·格什温认为自己从来没有写过交响乐,对交响乐一窍不通。

不料,保罗·怀特曼耍了一个小心机,他在报纸上刊登了一则广告,声称乔治·格什温将为"现代音乐实验"作曲,并表演钢琴独奏。这一下,乔治·格什温没了退路,不去,则是对所有观众的失信。

于是,乔治·格什温决定去波士顿"闭关"创作,尝试写自己"一窍不通"的交响乐。在前往波士顿的火车上,在隆隆的撞击声中,在铿锵的节奏中,他找到了灵感,而后只花了两周时间就创作出了《蓝色狂想曲》,演出大获成功,乔治·格什温也因此一举成名,成了世界著名的作曲家。

每个人最大的敌人,不是对手,也不是困难,而是我们自己。我们经常阻碍自己前进的步伐,如果保罗·怀特曼没有切断乔治·格什温的退路,乔治·格什温或许还不敢突破自己,挑战自己,那世界上就没有如此美妙的《蓝色狂想曲》,如此有才华的作曲家也不会被世人所认可。

3

生活中,退路就是在为不成功找借口,在经历失败后,它就成了堂而皇之的退缩理由。当你为自己留出后路时,你就在失败上投下了一枚筹码,你的信心就已经削减了一半。关键时刻,有破釜沉舟的勇气的人,才能给自己创造一个向目标冲锋的机会。

只有一条路可走的人往往最容易成功,因为别无选择,所以倾尽全力。有时只有斩断自己的退路,才能把不可能变成可能;只有将自己逼上绝路,才能找到出路。对自己太宽容,反而是对自己的残忍。欢腾的小溪没有退路,它从高处流向低处,直到汇入大海;雄健的苍鹰没有退路,它从断崖飞向低谷,直到驰骋天穹;稚嫩的幼芽没有退路,它从地下钻出地面，直到沐浴春雨。

人生是一次没有退路的旅行，成功的人生更没有退路。

"过桥抽板"是著名的成功学家拿破仑·希尔在著作《思考致富》中提出的一个成功学理念。意思是过了桥就把桥上的板抽走，切断自己的退路。板即是退路，退路即是没有竭尽全力的借口，是在自己失败时冠冕堂皇的理由。

当你敢于切断退路时，才能破釜沉舟，才能给自己一个全力以赴的机会；当你无路可退时，才能激发出最大的潜能，竭尽全力地勇往直前，一直走到最后。

别给自己的人生设限

不要小看自己，每个人都有无限可能。当你走过一段历程后，再回过头，看看自己的当初，看看生命的源头，你可能会惊奇地发现，它拥有着取之不尽用之不竭的能量，犹如一座等待爆发的火山，而爆发的关键，在于你是否找到了驾驭的方式方法，是否找到了点燃生命的导火索。

1

每个人都是平凡的,人与人之间也许仅仅是思维方式不同而已。为什么有的人会成功,而有的人却会失败?成功的秘诀究竟来自哪里?事实上,一切都源于大脑的思维方式。失败者在自己内心设置层层枷锁,进行自我设限,以至于阻碍了自己前进的步伐。

一个人一旦自我设限,就很难一往无前,甚至会不断降低对自己的要求,给自己消极的心理暗示:"你只能做到这样了。"久而久之,这个人就会变得害怕失败,做事畏首畏尾,以至于错失一次又一次的机会,最后只能甘于平庸。

有这样一组实验:把跳蚤放在一个玻璃杯中,发现跳蚤很容易就跳了出来,跳起的高度为其身长的100多倍。按照身高与跳起的高度作比例计算, 如果是和人一样大的跳蚤,它跳高的高度可以达到200多米。这一项纪录即便是最优秀的跳高选手,也不可能做到。

随后,给跳蚤所在的玻璃杯上加一个玻璃罩,"咚"的一声,跳蚤撞在玻璃罩上。连续多次后,跳蚤也"变聪明了",为了避免碰撞,跳跃的高度总保持在玻璃罩以下。

一天后,再把玻璃罩拿掉,跳蚤还是维持在有玻璃罩时的高度跳动;三天后,跳蚤还是在这个高度跳;一周过去了,跳蚤还是在玻璃杯里跳来跳去,但是,这时的它再也无法从杯子里跳出来了。

想想看，是否我们周围有很多人都在过着这样的"跳蚤人生"。起初的时候，意气风发，不断地努力去追求成功，但总是事与愿违，屡试屡败。经过几次失败之后，学乖了，习惯了，麻木了，他们开始质疑自己，开始降低成功的标准，即便早已是另外的一种现状——如同"玻璃罩"被拿掉了，可这时的他们早已没有了再试一次的勇气。因为他们被撞怕了，在他们的潜意识里，他们头上的"玻璃罩"依旧存在。就这样，他们体内蕴含的巨大潜能被扼杀了。

人最大的敌人不是别人，而是自己。只有敢于向自己挑战，并战胜自己，才能获得最后的成功。如果你想征服世界，首先要做的就是征服自己。突破自我，才能到达成功的彼岸。

2

正如土耳其那句古老的谚语——每个人的心中都隐伏着一头雄狮。突破自我限制，唤醒心中的雄狮，你也能成就人生，创造奇迹。

如果一个人总是认为自己无能，那就没有任何力量可以帮助他去实现成功。无论你过去和现在如何，你只要问自己想成为什么样的人，然后坚定不移地向着目标出发，哪怕所有人都告诉你"这是不可能的"，你也依然坚持下去，那么，你就已经成功了。

从前,有一位科学家,他主要的工作是研究金盏花,他发现在千姿百态的自然界中,金盏花只有金色和棕色两种颜色,他想要培植出一种白色的金盏花,于是向当地居民发起了一个活动:谁能提供纯白色的金盏花,就能获得高额的奖金。

一时轰动,居民纷纷培植白色的金盏花,但自然规律摆在那儿,很多人付出了一腔热血却没有得到想要的结果,也就渐渐忘记了这个活动,认为无人能够成功,科学家也有些失望。

20年后,科学家意外收到了一个包裹,里面放着一朵纯白色的金盏花和几颗种子。当地又沸腾了,引发了激烈的讨论,居民纷纷猜测,究竟是谁成功培植出白色金盏花。科学家也十分渴望见到这位培育出白色金盏花的人,他认为只有科学家才能培植出。

出乎意料的是,培植出白色金盏花的人并不是什么科学家,而是一个耄耋之年的老人,她平时就爱摆弄花花草草,有着自己的小花园。20年前,她在报纸上看到了科学家发起的活动,颇为心动,就开始培植金盏花。

第一年,她先在花园里撒下市场上买到的金盏花的种子,用心培植;第二年,种子开花了,不出意外,只有金色和棕色的,她不气馁,从开放的花中挑选出颜色最淡的几朵,等它们枯萎了,取出种子;第三年,她把挑出的种子种在花园里;第四年,她又从开放的花中挑选出颜色更淡的几朵,继续栽种。

就这样,一年又一年过去了,老人不厌其烦地反复培植,终于,20年后,她看到自己的花园里开出了一朵白色金盏花。

在此之前,培植白色金盏花被认为是不可能完成的事,连科学家们也被困扰着,当然,也有无数人想要尝试,但他们认为连科学家都无法完成,谁又能真正完成呢?于是,他们都放弃了,此时,一个普通的老人却通过坚持不懈的努力,完成了。

放弃挑战的人,会活在失败里;迎接挑战的人,可能会经历一次又一次的失败,但最终却能够拥抱成功。

3

一位哲学家说:"如果我们每天的生活总是平平常常、毫无变化,那生活多年与生活一天又有什么区别呢?完全地一致就会使得最长的生命也显得短促。"因此,若想拥有辉煌的人生,就不能总是重复以前的自己,你真的需要和自己"赌赌气",从而让自己获得新生。

人的一生,总是在与自然环境、社会环境、家庭环境做着斗争。因此有人形容人生如战场,勇者胜而懦者败。从生到死的生命过程中,所遭遇的许多人、事、物,都是战斗的对象，而在这场战斗中，最难攻克的，不是别人，而是自己的内心。因为自己的内心，往往不受自己的指挥，那才是最顽强的敌人。

我们只有狠下心，努力克服自己内心的障碍，才能说是战胜了自己，而战胜了自己的人，才配得到上天的奖赏。

第二章

你不完美,但是你极其美好

　　不完美是人生的一部分,拥有缺陷是人生另一种意义上的丰富和充实。我们每个人都有缺点,重要的是要如何看待它,如何将这些"缺点"转化为"优势"。

　　实际上,有些缺点可能恰恰是另一种美丽的优点,可以使你在不经意间就铸就了另一种人生。

不完美能带给你真实与梦想

人生几乎没有完美的,在我们看不到的地方总存在着那么一些"不完美"。我们不能够选择人生,但可以选择走出不完美的心境,而不是在不完美里哀叹。如果我们一味地追求所谓的完美,又怎么能够轻轻松松面对生活呢?

1

有这么一则温暖的小故事。

一位农夫,每天都要给一座寺庙挑水。寺庙在山腰儿,农夫在山脚,他每天用扁担挑着两个水桶,经过长途跋涉到寺庙,日日如此。

扁担两头的水桶,看似一样,但有很大的区别,一个完好无缺,另一个却有裂缝。长途跋涉过后,完好无缺的水桶从河边到寺庙,始终是满满一桶水;有裂缝的水桶却只能剩下半桶水。因此,农夫每天只能挑一桶半的水到寺庙。

完美无缺的水桶十分自豪,骄傲地说:"看吧,这两年,你每天只有半桶水，如果不是我，寺庙可就没水喝了。"有缝隙的水桶非常愧疚，有一天忍不住跟农夫道歉："对不起，如果不是我，你能挑两桶水去寺庙。"

"这有什么呢？你为什么要感觉愧疚？"农夫问。

"这两年，你每天都是做了全部的工作，但因为水从我的一侧漏在路上，导致你每天只有一半的成果。我很愧疚。"

农夫笑了笑，说："这一次，你留意留意路边的花吧。"

去寺庙的山坡上，有缝隙的水桶一直盯着路边看，它突然发现路旁开满了五彩缤纷的花朵，映衬着温暖的阳光，使人眼前一亮，有缝隙的水桶低落的心情才缓和了一些，但当农夫走到寺庙，往水缸里倒水时，看到完美无缺的水桶满满的水，有缝隙的水桶又难过了，它又向农夫道歉。

农夫又笑了，把水桶扛在肩上，但把两个桶换了位置："你一定没有看到过路的这一边吧？这一边没有花，而你在的那一边却有。知道为什么吗？是的，你有缺陷，但你的缺陷并不是没有好处，一路上，你帮我撒在路边的种子浇水，日日如此。两年了，如果没有你的默默付出，路边怎么会有这么好看的花呢？"

2

小时候我并不完全懂得这个故事的寓意，长大后，慢慢明白了，故事是告诉我们，残缺也是一种美。只有我们正确认识生命中的不完美,不苛求它变得完美,不悲观地怨天尤人,才能让不完美散发出幸福的味道。正如那个有缝隙的水桶,成就了一路盛开的鲜花。

研究表明,强迫性的完美主义并不利于人的心理健康,反而会使工作效率、人际关系、自尊心都受到严重损害,甚至会导致自卑和自我挫败。

我有两个大学同学A和B,都是"处女座",完美与星座有没有关系?我不好说,但是,她们两个的思维方式是:要么不做,要做就做到最好。

举个例子,大学毕业的时候,同学们回家的回家,找房子的找房子,A和B也打算合租房子去,但是,其他人一般快的一周就找到了房子,慢的也不过一个月。她们两个却足足找了三个多月,不是嫌地段太偏,就是觉得装修老土,或者是A满意的房子,B却不满意……我劝她们:"租房子,又不是买房子,差不多就算啦!"

A却说:"可我们是准备长租的,要么不找,要找就一定要找两个人都满意的。"

结果学校下了最后通牒,毕业生不能再住宿舍了,A和B被"赶"了出来,A无奈之下自己只好"凑合"着找了一套房子住,B只好提着行李回了老家,事后两人的关系也没那么密切了,都认为是对方太挑剔造成的……

其实,没有哪一件事情能在一开始就做到最好。就好像腾讯公司开发的手游《王者荣耀》，在刚刚开始面世的时候也有着各种各样的缺点，还被众多玩家鄙视，但是它根据玩家的体验不断地进行完善，最后才成了"爆款"游戏。

人生没有完美，完美的幸福只存在于理想之中。因为任何事物都不可能达到完美的境界，如果每一个细节都要追求完美的话，那就很可能会失去大局。

3

正如缺失双臂的维纳斯女神一样，美的真正价值有时候并不在于它的完整，而在于那一点点的残缺，留给人无限的遐想。在一种遗憾的遐想中，美才真正走向了极致。

真实的人生其实没有完美，刻意追求完美会让你疲惫不堪，精神萎靡。我们要做的，不是去期待完美的结果，而是在做一件事情之前，认真地准备，坚定地执行，结果的好坏，不必太在意。留下一些残缺，留下一些遗憾，生活才会更真实、更完整，我们才能够更好地向前走。

如果爱，就别苛求完美

爱的本质是包容。当两个完全陌生的人由认识到熟悉，再到相爱走向婚姻的时候，就注定了要付出一些牺牲。毕竟，婚姻不是花前月下卿卿我我的唯美浪漫，也不是莽撞少年的缠绵与誓言，而是烟火生活中的相濡以沫和相互体谅。

1

女孩和男孩在众人的祝福中走进婚姻的殿堂，可是婚后，女孩感到婚姻生活并不是她想象中的那样美好。两个人经常因为一点小事就争吵起来，因此，她经常跑到娘家哭诉。

终于有一天，在她哭完之后，母亲叹了一口气，起身拿来一支笔和一张白纸，对她说："这样吧，我这儿有一张白纸、一支笔，你丈夫有啥不好的，你就在纸上画一条线。"

女儿顺从地接过笔，一边想着丈夫的缺点，一边狠狠地在白纸上纵横交错地画着线，等她画完之后，就把那张纸交给了母亲。母亲看了看，再一次把纸递给她，说："孩子，这张纸上有什么?"

女儿愤怒地说:"乱线!全是乱线!数也数不清楚有几根!跟他人一样,全是缺点!"

母亲又说:"你再看看,还有什么?"

女儿瞪大眼睛重新审视了一番,说:"上面除了黑线就是空白了,还能有什么别的东西?"

母亲笑了,语重心长地说:"对啊,至少空白的地方,比那些黑线多得多吧?"

女儿停止了哭泣,若有所思。母亲说:"婚姻生活就是这张纸,无论你多么用力地画线,你也不可能把白纸全都涂黑,就像他即使有1000个不好,也总会有一个好的地方,你怎么不想想他的好,光惦记着他的坏呢?"

女儿想着想着,脸色慢慢变得舒缓了起来:"妈妈,我知道了,谢谢您。"

2

有一对夫妻经常相互抱怨,丈夫认为自己每天工作非常辛苦,回家后什么都不想做;妻子认为自己每天有做不完的家务活,从早忙到晚,累得要命,丈夫一点不体谅,于是他们决定互换角色,互相体验一下对方的生活。

第二天丈夫对公司宣布,因为自己有事情,公司业务由妻子代管一段时间。妻子一大早到公司后,照常开例会。会议结束后,跟同事一起商议当天的工作安排,回到办公室不停地接打电话,跟客户洽谈。

到了午饭时间,妻子顾不上出去吃饭,叫了外卖,一边吃一边工作。下午出去见客户,经过6个小时的磋商,项目还没有敲定,这时,已经是晚上7点,又要安排客户出去喝酒、唱歌……疲惫不堪的妻子,回到家已经是凌晨2点了。

而丈夫在这一天里,早上6点半起床,准备早餐,叫孩子们洗脸刷牙,照顾他们吃早餐,然后开车送他们去学校,之后去超市采购。回到家后,他又要整理床铺、洗衣服、打扫房间。等干完这些,他开始面对家长群里的各种信息,老师要求孩子准备各种学习用品,而他连什么是习字帖都不知道,三角尺和几何尺都分不清楚,他只好去书店问店员,等买全这些,孩子放学的时间也快到了,于是,他还没来得及喝口水,就冲到学校去接孩子们。到家后,他一边监督孩子们做功课,一边开始准备晚餐。吃完晚饭,他洗碗、收拾厨房,然后给孩子们洗澡,给他们讲故事,哄他们上床睡觉。直到晚上10点钟,他已经撑不住了,可是屋子还没收拾,孩子的脏衣服还没洗……

3

在朋友之间,我们常常能做到感恩与宽容,这是因为我们珍惜朋友之间的友谊,想让朋友知道他为你做的这些对你很重要。夫妻因为已经是最亲密的一家人,彼此之间就把对方做的任何事情都看成是理所当然的，时间一久，自然会熟视无睹，甚至还会鸡蛋里面挑骨头。

结婚之前，两个人在相处时都会披上外衣，竭力表现出最好最美的一面；结婚之后，生活在同一个屋檐之下，天天面对柴米油盐，两个人才会暴露出最本质的问题。如果我们不能爱一个人的真实面目，而是爱上我们期待中那个完美的他（她）的话，我们会一直失望，而他（她）也会因为压力过大而沉默和崩溃。

金无足赤，人无完人。这个世界上不存在十全十美的人，当然也不存在完美无瑕的爱情。20多岁的年轻人，心里承载了太多对完美的期待，然而，一份健康的情感，不可能脱离现实而存在。那些将爱人的一切都理想化的人，最终免不了要对不完美的现实一再失望。

要想让自己的婚姻变得更加牢固，让家庭变得更加美满幸福，就一定要用现实的心态去接纳对方，用理性的思维去解决双方的矛盾和冲突。用宽广的胸怀去接纳和包容我们的爱人。

包容是婚姻的别名

　　宽容,是理解的传递,也是信任的途径,更是爱的箴言。当你怀有一颗宽容的心时,你会发现,对方不再是满身缺点,他自有自己的闪光点,那是幸福的光芒。

1

　　我大学的时候,到一位导师家里玩,发现导师和师母的关系十分融洽,就笑着问起他们有没有什么相处秘诀。导师笑着说:"没什么,就是吃惯你师母做的饭菜了,非她亲手做的,不然吃不饱。"

　　师母却回答道:"别听他乱说,我倒觉得自己的厨艺一般,只是我神经衰弱,晚上听惯了他打鼾,要是听不见的话,反而睡不踏实。"

　　几天后,我在食堂里,却发现导师对食堂的饭菜很"钟情",吃得比在家里还多、还香。我当时很诧异,但也没放在心上。

后来有一次，导师出差在外地，让我帮他去家中的电脑上，拷一份会议资料，并打印快递给他。

那是中午，给我开门的是保姆，说师母出去了，我顺便问："师母好吗？"保姆笑着说："好啊！老头子这几天出差，没人打呼了，师母不知道睡得多好。现在出门遛弯儿去了，平时这个时候她一般会补觉呢。"

这回，我终于明白了，导师与师母之所以能够相濡以沫，就是因为彼此宽容，彼此谅解。

2

婚后的日子，他们夫唱妇随，这种状态让周围不少人羡慕。她很细心，丈夫也很能干，几年之后，丈夫开始自己创业。因为业务忙，应酬多，丈夫陪她的时间少了，可她从不担心什么。她一直相信丈夫，也相信两个人的感情。

半年后，一些谣言传进了她的耳朵里。有人告诉她，丈夫跟公司里的女助理走得很近，让她多留心。

她没有吵闹，也没有质问，但，丈夫心中有愧，主动说出了他和女助理之间的事。其实，是女助理对他心生爱慕，他说，她是一个不要承诺、不要回报的好女孩，又很有女性魅力，他实在难以抗拒。

她能理解纵然丈夫心里爱着自己，可面对外面的诱惑，难免会动心。可是，该怎么做呢？她把自己反锁在房间里，认真思考着他们的婚姻。没错,他们的生活看起来很幸福,可平静的表面下却暗潮汹涌,而这一切都怪她平日太疏忽了,忽视了对丈夫的关注。想来想去,她还是觉得应该原谅他。

后来,她独自去见那位女助理。确实,那是一个有气质的美丽女人。她们安静地审视着彼此。女助理说:"我知道,他一直爱着你。在这场争夺战里,我一直都是个失败者。"她回应道:"你是个很优秀的女孩,我相信你应该有更加美好的人生,应该有一个真心实意爱你的丈夫,你也一定会幸福。爱一个男人,并非要拥有他,而是要他能够幸福。现在,他有一个完整的家,我希望你能让他享受这份温暖而平静的生活。"

几天之后,女助理辞职了,她和丈夫的关系也缓和了。丈夫面带愧疚地对她说:"对不起,是我错了。你是我这辈子最爱的女人,我也谢谢你,为我保全了这个家。"

3

瑕疵和遗憾本就是生活的组成部分,婚姻中更要容得下沙子。要让婚姻历久弥新,要想成为爱人坚强的后盾,就需要在相濡以沫的日子里付出更多的理解和宽容,用理性来引导婚姻之水,让婚姻按照自己祈望的方向细水长流。

生活中,我们都希望爱人能够包容自己的小缺点、小情绪,可反过来却总是苛责对方,觉得他这里做得不够,那里做得不好,常为一些小事情争得面红耳赤。时间久了,吵得多了,感情也就变了味。待到真的无可挽回,再回顾过去的种种,发现不过都是些鸡毛蒜皮的小事,并没有什么原则性的问题,只是当时太过挑剔,不懂包容。

不懂得包容和付出,不懂得珍惜,就算幸福摆在眼前,也只能任它从指缝里溜走。

降低幸福的底线

要得到幸福与快乐,其实很简单。少一些欲望与杂念,多一份淡泊与从容,人生就会不由自主地变得亮丽起来。

1

幸福是一件需要发现的东西。

讲一个童话故事给大家听。

从前,有一个天使,被上帝派遣到人间,找寻幸福的人。天使兜兜转转了一圈后,向上帝汇报在人间看到的一切,并提出了内心的疑问。

　　原来,天使在人间看到一个乞丐,衣衫褴褛,在路上走着。这时,一个小男孩拿着包子边走边吃。乞丐摸了摸自己饥肠辘辘的肚子,咽了咽口水,羡慕地说:"能不饿肚子,真幸福。"

　　小男孩走着走着,停在肯德基的门口,他看到一位爸爸牵着一个小女孩走进去,过了一会儿,捧着一个全家桶出来,小女孩喜滋滋地啃着大鸡腿, 小男孩看了看自己的包子,羡慕地感叹:"能吃到这么多美味,真幸福。"

　　小女孩坐在爸爸的自行车后座,手里抓着没有啃完的大鸡腿,一辆漂亮的红色小轿车从身旁开过,她回过头看了看,叹了一口气:"能坐这么漂亮的汽车,真幸福!"

　　红色小轿车的驾驶位上坐着一个男子, 他的公司破产了,为了躲避债主,他开车去外地散心,但是他知道跑得了一时跑不了一世,总是要面对现实的,他瞄了一眼窗外,看到一个乞丐在路上漫无目的地走着,感叹:"压力山大啊! 我宁可像乞丐一样自由自在,不受束缚,真幸福!"

　　这话,被乞丐听到了,他突然意识到自己也有着被他人羡慕的幸福。于是,他恢复了笑脸,喜滋滋地继续走着。

　　天使讲到这,问上帝:"为什么乞丐也是幸福的呢?"

　　上帝微笑着说:"人生来就拥有活得幸福的权利,只是一些人没有去主动发现幸福而已。但不管怎么说,简单,最容易获得幸福。"

2

朋友约我吃饭，看着他沮丧的神情，我请他去公园里坐坐。朋友目光呆滞地坐在靠椅上，眼神无力地扫向正在慢悠悠散步的老爷爷老奶奶，突然，他发出一声感叹："现在的老人，可真幸福。"

我顿了顿，问："你不幸福吗？"

朋友愁眉苦脸地抱怨说："我现在的生活简直乱七八糟。最近公司空出一个经理的位置，轮不到我了；我现在住的房子还是十年前买的，原本想着当了经理后买一套更好的，现在也泡汤了。工作也就算了，家庭琐事也是一堆，我太太完全不理解我，反而因为我不能回家吃饭，不能陪孩子好好玩，天天跟我吵架。一点儿都不幸福。"

我问："那怎么样，你才幸福呢？"

朋友两眼放光，指着远处的高楼说："如果我能搬进那栋大厦，我就觉得特别幸福。"

这时，旁边一位头发雪白的老人出声道："我教你一个方法吧。你现在去买一束鲜花，然后立马回家。"

朋友和我都诧异地回过头："就这样？"

老人微笑着点点头："是的。"话音刚落，他就走远了。

朋友没有起身，连我都觉得这个方法很荒谬，又不是一夜之间赚到钱的秘诀，买一束花能改变什么呢？在公园一直坐到天黑,我和朋友才分开,各自回家,他依旧闷闷不乐。没想到,朋友第二天就兴奋地给我打电话,说他现在很幸福。

细问,才知道他昨天离开公园后,慢慢走回家,在小区门口看到一家花店,鬼使神差地走了进去,买了一束玫瑰回了家。

刚进门,妻子迎了过来,原本黑着的脸看到玫瑰的时候突然开心了,问:"送给我的吗?"朋友呆了下,但下意识地点点头,妻子开心地拥抱了朋友,急忙忙地往里走:"我饭都做好了,有点冷了,我去热一热。"

朋友和妻子面对面地吃饭,妻子充满爱意地看看玫瑰花,又看看朋友。朋友的愧疚感顿起,低落地说:"对不起,我当不了经理,不能给你换大房子住了。"

"住在这里不好吗?你每天只要早点回家,陪陪我陪陪孩子,就够了。"妻子笑着说,"除了恋爱的时候,你这十年第一次给我送花,你知道女人图什么吗?有时候就是图一点关心,一点浪漫啊!"

朋友突然发现自己一直身处幸福之中,有一个贤惠的妻子,有一个听话的孩子,也有房子住,哪里不幸福呢?

3

幸福没有固定的形状,每个人的幸福都是不一样的,唯一相同的是,每个人的幸福都像是一条珍珠项链,每一颗小珍珠代表着生活中大大小小的快乐，而后一一连接成幸福的样子。幸福很简单，也很珍贵。

幸福，不是任何物质所能取代的。他只是一种感觉，一种让我们快乐、温暖、感动的感觉。幸福的必备要素并不一定是物质上的满足，有时候，仅仅是在一念之间。如果你只为心中的欲望不能实现而烦恼不堪，如果老人感叹将不久于人世而心灰意冷，又怎么去体会当下的幸福呢？

有时候，我们需要放低幸福的底线，才能看到幸福并不是指完美无缺，它只是一种简单的感觉。在生命的流逝中，察觉到他人对自己的善意和关爱，察觉到自己的真实与美好，就是一种简单的幸福。

渴望平安顺遂，放低幸福的底线，并不意味着我们放弃了对梦想的追求，对未来的渴望，只是在日复一日的忙碌当中，学会调整和恢复身心的状态，才能以更饱满的热情和旺盛的精力投入新的"战斗"。

幸福可能就是每个人都在走的一条路，路上会遇到惊喜，飞到天上，但也可能摔得很惨；会遇到灾难，跌入谷底，但也会慢慢痊愈。

那些没有坚持走下去的人，可能是惊喜太大，可能是灾难太大，总之无法承受。那些坚持在走的人，或许并不都是特别了不起的人，也许只是没有什么惊喜也没有什么灾难，一路顺遂平安，显得特别幸福。

因此,适当降低幸福的底线,你会发现,每一天,吃得下饭,睡得着觉,笑得出声,便是一种不可多得的幸福。

保持本色,你很可爱

你不用去羡慕别人,因为,你是你,他是他,他永远都不会成为你,你也永远当不成他,但是,你的可爱与美好,别人永远也替代不了。

1

我身边有很多胖姑娘,格子就是其中一个,她脸圆圆的,平时的穿衣风格,都以宽大为主,整体看起来比实际胖很多。不难看出,格子因为身材的事,特别敏感,也特别自卑。我劝她穿一点贴身的衣服,她经常摆摆手拒绝:"我妈说了,宽衣好穿,窄衣易破。从小到大,我妈都是这么跟我说的。"

格子平时很少跟其他同学一起玩,更别说室外活动了,有时候连体育课也不去上,因为她总觉得她和别人"不一样"，会遭到嘲笑和歧视。

大学毕业后，格子嫁给一个比她大四五岁的男人，她的丈夫以及丈夫的家人对她很好，一直鼓励她，使她慢慢走出了自卑的阴影，但即使格子也觉得自己尽了最大的努力，可还是不能够像其他人一样变得自如。

从心里，格子觉得自己很失败，又怕周围的人会察觉到这一点，所以她每次都装作很开心，但其实她在公开场合特别紧张不安，事后又会自责难过，陷入情绪低落的循环。

有一天晚上，婆婆突然跟她谈心，说起自己是如何教育孩子的，婆婆语重心长地说："不管事情怎么样，我总会要求他们保持本色。"

"保持本色！"就是这句话，在听到这句话的一刹那之间，格子才发现自己苦恼不开心的原因，就是因为她一直喜欢自己原来的样子。从此，格子开始尝试"本色"的生活，她试着研究她自己的个性，自己的优点，尽她所能去学色彩搭配和服饰知识，尽量以适合她的方式去穿衣服，还主动交朋友。她参加了一个社团组织，组织人要她参加活动，刚开始她还是很害怕。但是，慢慢地，她的勇气不断增加，自信也不断增加，她获得了她期望已久的快乐，她越来越喜欢自己了。

2

在这个竞争激烈的社会当中，越来越多的人对自己的要求极其苛刻,总是追求完美。这样苛刻不仅体现在对自己,有时也会降低对别人的容忍度。但,对自己和他人的缺点斤斤计较,只会让自己陷入无穷无尽的困扰之中。因此,不要万事求全,要学会接受不完美的真实的自己,接受自己的优点,也接受自己的缺点。

你要时常对自己说:"我已经足够优秀了。"这实际上就是对自己的尊重与认可,也是成就自己的前提条件。用自信做后盾,学会自我拯救和自我完善永远是最重要的,同时也是赢得别人欣赏的方式。

认真思考一下,若是你没有高大的身材,但有渊博的学问也能让你看起来更高大;假如,你没有美丽的容颜,可是有动人的声音,声音也同样可以让你受到瞩目;例如,你不擅长演讲,但你很善于倾听,后者同样是一种让人喜欢的特质,等等。

由此可见,你也是有很多优点的,你已经够好了。

坚持这样做了之后,对待生活和工作你便能面带笑容、神采奕奕、朝气蓬勃、信心百倍,脸上永远泛着自信的光芒,并且能够用热情感染周围的人,扫去别人脸上的阴霾,化解别人心中的苦闷。

对自己说已经足够优秀了,似乎会被不少人认为是自以为是、孤芳自赏。其实不然,这能让我们更加清楚地认识自己的优点、肯定自己的价值。

3

你有没有过这样的感受?

清晨,你站在镜子前面,仔细端详着自己的脸庞,一会儿觉得自己的单眼皮不够好看,一会儿又觉得鼻子不够挺拔;或者你觉得脸上的毛孔太过粗大,昨天又长出几颗痘痘,你觉得自己的脸庞不够小巧,嘴唇不够性感,身材不够迷人……

相信不少人总认为自己处处不如人,于是自惭形秽、悲观失望,连自己都看不起,乃至自卑自怜、自暴自弃,不能够从容地与人交往,更不能出色地发挥自己的才华和个性。

实际上,每个人都有自己的优势和缺点,但是这并不能够成为我们自卑的借口。正如卡耐基的夫人桃乐丝所说:"没有你的同意,谁都无法自卑。"如果你想掌握人生主动权,那么当你对自己有不满时,请你静下心来认真地检视自己,找到自己的价值所在,对自己说:"我已经够好了!"

每个人的一生都是独一无二的剧本,而自己是唯一的主角。

生命的意义也许并不是追求成功,而是一种体验。那么就让我们在活着的时候好好享受一切。尝试接受我们生活中的不完美,学会享受那些许的残缺之美。

画几滴眼泪止住悲伤

世上有两种坚强，第一种坚强是坚强在肢体皮肉上，宁死不屈式，像在渣滓洞里的江姐和许云峰；第二种坚强是在生活中，无论顺境逆境，泰然地坚守自己，敢于承认自己的脆弱，直面自己的不足。

1

A是众人眼中的绝对成功人士，30出头便将自己的贸易公司经营得风生水起。他开在街上会引来众人瞩目的名车，住城郊气息开阔格调高贵的豪宅。

他的成功不仅只是物质上的。

他有完满的婚姻，妻子美丽贤惠，早前是跟他一起摸爬滚打创事业的，后来隐退家中做全职太太，安心带孩子，房前屋后地种花，换着花样地烧菜，采购各种家居摆设，努力让本已幸福的生活越发蓬蓬勃勃。

更为人称道的是他的孝，寡居的母亲患有糖尿病，他专门请了营养师、私家医生照顾着。

不过,最为人广为传诵的是他不服输的性格,晚报人物专版有过对他的详细描述:创业伊始,从外地贩回一车西瓜,行至半路车翻了,大半车西瓜破碎了,妻子坐在路边号啕大哭,他发了半天怔,搬回一台榨汁机,把完好的西瓜榨成了鲜红的汁液,最后算下来,盈利比卖西瓜多得多!而他肩周劳损也是那次没日没夜地压榨西瓜汁落下的病根儿。

但是,A却忽然自杀了。

他从公司所在大厦的29楼,像一片树叶一样飘了下来。坊间传说纷纭,公安局详细调查后给出结论,原来A早就患上了抑郁症!这些年都是见他乐呵呵的,从来没有半点儿拧眉毛甩脸子的时候,怎么就抑郁了呢?

律师带来A寄存在他那里的文件,是一封信,详细安排了自己的身后事:留给妻子生活的钱,留给孩子读书的钱,留给妈妈养老的钱,遣散公司员工的钱,一应充裕周全。甚至几个月前他还买了巨额的人身保险,受益人里也填上了家人的名字!

至于原因,他只留下了短短的几句:对不起,我挺得太累了,但是,只要我活着,我就不能让你们知道我这么累这么难啊,没有办法,我只有去了。

2

B是著名IT公司的经理人,负责东南区业务,典型的青年才俊。一次例会后,追到总裁办公室,递上一纸诊断书,医生说我可能患上了抑郁症,为了不致恶化,我希望公司给我提供宽松的工作环境。我申请调到内勤部,调养一下身心,等到康复再重新跑市场。

同事当着他的面说:"这年岁,谁没压力谁不抑郁?你这样歇下了,以后怎么起来?你没看现在大家瞧你,真跟瞧神经病一样!"他却只笑笑,依然闲闲地坐在后勤办公室里,准时派发签字笔打印纸劳保卡。茶水间里,他甚至心无芥蒂地告诉大家自己吃的抗抑郁药,都有些什么副作用……

小半年后,据说他的病就好了。

3

女友小C姿色出众,体态弱柳扶风,上次大家见面喝咖啡时听闻她正受男上司骚扰,姐妹里有劝她调换部门敬而远之的,更有建议她跳槽躲是非的,最无厘头的一个建议是让她模仿《丑女无敌》造型把自己包成粽子的。她一一坚决否定:"我是受害者,为什么我要放弃顺风顺水的工作避之唯恐不及,让职场潜规则者肆意妄为?"

这次聚会上,我们都在为小C的前景担忧,正杜撰N个鸡蛋碰石头的惨败版本。不料,小C春风满面而来,她别出心裁在公司Party上"意外"与男上司的野蛮太太撞衫,引起该太太注意,当骚扰男看不懂小C是如何跟自己太太聊得火热时,只得一边悄悄擦额头虚汗,一边发短信say sorry鸣锣收兵。

这是迂回式达到目的的坚强。

不久前,我惊闻大学同学嘟嘟住院了,是在回家路上意外遭遇抢包党。去医院的出租车里我眼前一直闪现从电视里看过的类似骇人画面,牙齿不自觉地咯咯作响。我看到的嘟嘟果然很惨,腿上裹着厚厚的白纱布,额头缝了五六针。我的眼泪忍不住掉下来,心疼得揪成一团,我说:"亲爱的,你太可怜了,怎么这么倒霉啊?"

嘟嘟竟然轻松笑着安慰我,说:"我已经够幸运了,腿上只是皮外伤,额头缝针用的美容手术线是不会留下疤痕的,我正好还可以趁机放放大假,多难得。"

是啊,既然我们无力改变这个不幸的现实,但是我们还有能力去改变自己的心态,让自己从悲观失意中走出来,做不幸中的幸运儿。听医生说,嘟嘟是医院里跟她情况大致相同的病患中,最早痊愈出院的。

坚强的方式,原本就有很多种。

放轻松,也是一种坚强。承认自己的软弱,也是一种坚强,是另一层面上不能否认的勇敢。我们内心的坚强力量,是一颗普通而具有旺盛生命力的种子,扎根生活的现实,吐苗伸叶的坚韧,自如而安好。

我们无力改变现在,但可以改变内心,我们无法预测未来,但可以凭借智慧,修炼一双美丽、坚韧的隐形翅膀。画几滴眼泪止住自己的悲伤吧,真正的坚强,就是从心里那块千斤重的石头上长出的那朵花。

第三章

有些事现在不做,一辈子都没机会做了

有这样一首美丽的诗:"从明天起,做个幸福的人……从明天起……从明天起,告诉每一个人我的幸福……"

这些简单而美好的愿景,为何要从明天开始,而不是今天呢?

如果是今天,也许一切都还来得及。

为自己列张梦想清单

梦想是人对于美好事物的一种憧憬和渴望,梦想是人类最天真无邪、最美丽可爱的愿望,有梦想的人,生活才有意义。那么,你的梦想是什么?你有把它们都写出来过吗?

1

美国西部的一座小山村里,住着一户清贫的人家。在这户人家的饭桌上,一个15岁的少年写着自己的愿望:"要到尼罗河、亚马孙河和刚果河探险;要登上珠穆朗玛峰、乞力马扎罗山;驾驭大象、骆驼、鸵鸟和野马;探访马可·波罗和亚历山大一世走过的道路,主演一部《人猿泰山》那样的电影;驾驶飞行器起飞、降落;读完莎士比亚、柏拉图和亚里士多德的著作;谱一部乐曲,写一本书;拥有一项发明专利,给非洲的孩子筹集一百万美元捐款……"

少年洋洋洒洒地一口气列举了127项人生的宏伟志愿。不要说实现它们,就是看一看,也足够让人望而生畏。很多看到的人,都一笑了之,认为这是"天方夜谭、痴人说梦"。少年对此不以为意,因为他的全部心思都被那一生的愿望填满了,并被那些愿望牢牢牵引着。

从定下愿望那天开始,少年便开始了将梦想转为现实的漫漫征程,一路风霜雨雪,他居然把一个个近乎空想的梦想,都变成了活生生的现实,他也因此尝到了搏击与收获的喜悦。44年后,他终于实现了"一生的愿望"中的106个愿望。

他就是20世纪著名的探险家约翰·戈达德。

2

朋友小舞给我打电话,问我能不能帮她租一套北京的房子,她报过来一个地址和价位。我一看,说租房没问题,可那里既不是繁华地带,也不是商业中心。

小舞说:"我打算去那里的一所芭蕾舞蹈学院进修考级,先托你把房子租好。"

"你?芭蕾?"我惊得下巴差点掉地上。

"可是你已经38岁了……"还有一句话我没说出口,小舞大大咧咧,风风火火,酒到杯干,怎么能把她和芭蕾联想到一起?之前也有看她的朋友圈,知道她一直在学舞蹈,我以为那不过是类似肚皮舞瑜伽之类的健身,打打酱油而已,没想到她居然认真地要学芭蕾。

"这年头艺校毕业的孩子都找不到好工作。"我劝说,"学那干吗？别我给你租了你又不来。"

小舞说："我又不是为了找工作。这是我童年的梦想。"

原来,小舞年少的时候,曾经被学校选中,送去当地的少年宫学习芭蕾舞,参加《天鹅湖》的演出,80年代的兴趣班是很严格的,小舞为了跳领舞练习得那么刻苦努力,练习完以后还不让喝水。那时候老师同学都说她是棵好苗子,而她的梦想也是成为一名芭蕾舞演员。

但结果是,舞衣都定制好了,头纱也买好了。距离演出只剩一星期的时候,小舞在街上被一辆电动三轮撞了,左腿粉碎性骨折,在医院里打石膏躺了足足三个月。

小舞看着那个原本跳B角的女孩代替了她的角色,记忆里的最后一幕是《天鹅之死》里那个凄婉的收场动作,双臂摆合,愈伏愈低,渐渐合拢羽毛,宛如安静地睡去。

她说,我没有那么多伤感,我还小,只是,却一直记得,忘不了。

原来,忘不了的,都叫梦想。那是想起来激动得睡不着觉的事儿啊。

而人的伟大,就是把梦想作为目标去执着地追求。

未来是不可预知也不可控的,我们总会在生活中遇到各种各样难以预料的状况, 只有具备了足够的决心和毅力,我们才能够走得更好走得更远。

为了确保我们走的每一步都是朝着正确的方向,我们必须列一张梦想清单,也就是制订一份切实可行的计划,这是实现梦想的第一步。

3

那么,我们要如何制订专属于自己的梦想清单呢?

首先,我们要做的是把自己的梦想一个个写在纸上,无论大小。不要觉得"成为世界首富"这样看似不切实际的梦想,或者"见到幼年时喜欢的他"这样看似矫情的小梦想,会遭到别人的嘲笑。

只有认认真真地对待自己的每一个梦想,才有实现它们的可能性。

在列出这样一份清单之前,我们最好仔细想想究竟什么才是你真正的梦想。你的梦想不应该是别人强迫你做的那些事情,比如,父母要求你从事的职业;老板要求你完成的业绩,这些是目标,都不算是你自己的梦想。梦想是你自己真正喜欢的东西,真正想要到达的目的地。

接下来,你需要思考如何制订一份成功的梦想清单的问题。首先,在制定梦想的时候,你不只是要写出自己最终想要实现的结果,还应该明确这个结果的定义,以及制订一个切实可行的计划,让梦想在每一个实现阶段都有可以"量化"的标准,这样既能够鞭策你不半途而废,又能够以获得的成绩激励你继续奋斗下去。比如,你的梦想是成为一名成功的登山家,那么,你就必须明确要征服哪些山脉,最终目标是成为什么样的登山家。明确了之后,你就得为实现这个梦想制定具体的步骤,比如,如何去锻炼身体,如何准备装备,如何从最初的山峰开始。通过这些脚踏实地的努力,你的每一步都更接近最终的梦想。

为什么有的人的梦想清单制定得很漂亮,可始终不见行动起来,只是纸上谈兵?这是因为,对自己太过宽容了。人们可能会说自己工作很忙,没有时间按照清单上的计划来实施,等过一段时间再说吧。可是,一段时间过去了,大部分人还是会以同样的借口拖延下去。就这样,明日复明日,最终梦想被搁浅了。

其实,制订好了梦想清单只是完成了一小部分,脚踏实地地去采取行动才是最重要的。所以,要给自己的梦想设定一个期限,不要无限期地拖延下去。比如说,如果你的梦想很简单,只是想学习如何烘焙可口的点心给家人品尝,那么,就规定一个时间,例如,在一个月之内置办齐烤箱等工具,两个月之内尝试最简单的点心制作,最终,捧出那一盘凝聚着你的爱心和梦想的美味。你会发现,这个为梦想设定的期限,是你实现梦想的原动力。

制作梦想清单,它的重点还是让人更清楚地认清自己的目标,培养人的行动力。光写出来,贴在墙上,是没用的,关键是一步一步去做。

和小舞聊天后，我拿起纸和笔，列了一个清单：

——学会做几道拿手的菜，在父母面前展现我的厨艺。

——抽个时间去看望朋友，没有什么目的，只是单纯地告诉她们，我想她们了。

——去看一次海，留下美好的记忆。

——生气的时候，甩下一切，任性地失踪一次，但是要记得回来。

——尝试一下自己很害怕的运动，比如：蹦极、过山车……

对，这就是我的梦想清单。这样的梦想，也让我感到快乐而幸福。

别让时间稀释了友情

一位哲人说："老木柴最好烧；老酒最好喝；老作家的著作最值得读；老朋友最可靠。"感情越老越值钱，老朋友的意义在于互相感慨彼此的变化。

1

有一天，我正在上班的时候，突然接到一个微信好友申请。申请理由是，我是你的小学同学。

说真的，这样的诈骗信息也不少，我当时想都没想，不予理睬。不料到了中午，电话响了，是一个陌生的号码，对方说："我是阿军啊！你为什么不通过我？"

"阿军？"我一下子没反应过来："哪个阿军？"

"你都忘了我啊？小学六年级我转校来的，和你做了一年同桌，那时候班主任让你辅导我的功课，还有下课后你请我吃棒冰……"对方滔滔不绝。

我突然想起来了，是的，小学六年级的时候，作为班长的我，老师让我帮助一名转校生，和他做了同桌……没想到真的是他！一个许久不曾联系过的朋友，我一下子觉得很亲切，也为之前自己的猜疑感到不好意思。

阿军说："我远在美国，超级想念老同学，想念家乡……"

我们在微信上聊开了，那些被忙碌的生活渐渐淡忘的，曾经的点滴，儿时的趣事，我们心里都暖暖的，虽时隔多年，当初的友谊依然那么醇厚，让人久久回味。

很多人为了生活而忙碌，因为时间或者空间等原因，和昔日的朋友渐渐地失去了联系。但是，我发现，真正的快乐只是来源于生活的点点滴滴。比如，接到许久不曾见面的朋友的一个电话。

那一刻我感到无比幸福，因为在某一刻，某一点上，会有一个人想起自己。

2

很多人宁愿找些陌生人或者自己不熟悉的人聊天，也不愿意和以前的好朋友聊天。也许，你根本不知道你们要聊什么，也不知道要从何聊起。因为时间长了，而慢慢疏远了，渐渐地陌生了。

但，每个人都有自己的老朋友，或许你们已经很久没有什么来往了，甚至你们已经好久没有想起彼此了，但是曾经在一起度过的那些美好的时光，你还是会记得；想起彼此带给对方的欢乐，你是不是还会会心一笑？

相对于那些新的朋友来讲，那些老朋友更容易让你找到原来的自己，因为老朋友就像是旧的明信片，看到他就能看到回忆中的自己。

3

无论你走得多么远，总还有曾经的根；在生活中拼搏累了，总会感慨曾经的岁月。在那些特殊的岁月里，那些质朴、天真、善良的朋友，他们总会给你留一个角落，供疲惫的你小憩，安慰你受伤的心灵。

不要丢掉自己的陈年故友,不要让时光割断一切友谊。

也许年轻的心随着岁月的流逝已经老去,但是在你看到某个人的时候,会让你依旧恍如昨日。

走过了多年的岁月,当你逐渐淡忘了过去的岁月,当你在工作中再也找不到那样纯洁、真挚的友谊时,给自己一个机会,去回顾多年来你所感受到的友情、真诚和关怀。这些诚挚的感情,让我们不再感到孤单和寂寞,拿起你手中的电话,联系一下你当年的老友,或者通过发达的网络,寻找一下自己失散多年的老友,无论彼此之间的友谊是否变淡,请遵守当年明信片上那"友谊永存"四个字的承诺。

人生路上总会有一位恩师

东晋医学家、道学家、炼丹家葛洪说:"明师之恩,诚为过于天地,重于父母多矣。"在有生之年,拜访一次那个在你危难之时帮助你,在你低落之时鼓励你的恩师,不要给自己的人生留下任何的遗憾。

1

刚刚升入高中的时候，我是所有老师都不喜欢的学生之一，因为脾气大，学习差，成了老师们眼中的"拖后腿学生"。但是我也不是一无是处，我的语文很好，对于文学有着自己独到的感觉。从小学的时候，我的作文就是全校的第一名。

高中时候我的语文老师姓顾，在一次语文课上，顾老师提出了一个问题以后，全班只有我回答对了，顾老师用了几分钟认真地夸赞了我一番，此后，顾老师总是很关注我，并鼓励我给学校的广播电台写文，当扩音器里传来播音员悦耳的声音，朗诵着我写的那篇《闪电》时，全班很多人都向我投来了羡慕的目光。

高三的时候，要奋战高考了，那个时候顾老师不再教我所在的班级了，但是，在走廊上遇到他，他总是说："要加油，你很棒的！你一定能够成功的。"

高三终于结束了，我出人意料地考上了一所师范大学。

在大学里，我非常用功，经常参加各种征文大赛，甚至尝试写起了小说，我一直有个心愿，那就是能出一本小说，然后带着书去看望顾老师。

但是，时光是无情的，毕业后我留在了深圳，忙碌的工作，使得我渐渐忘记了很多家乡的人和事，一开始，我还给顾老师寄去我发表作品的一些杂志，后来，也不知道哪天起，就中断联系了。

直到去年年底,同学群里有人说:"你们知道吗?教我们高一的顾老师去世了……胃癌,好可惜啊!"

原本沉寂的同学群突然炸了锅。

"什么时候的事情?"

"为什么没人早点说啊!"

"我好想哭!谁去看过顾老师?"

而我已经泪流满面。

2

小美是个天生唇裂的小女孩。上学后,同学们经常拿异样的目光打量她,甚至有的同学会嘲笑她。小美开始变得自卑,越来越不爱说话,因为她也觉得自己难看的嘴唇、歪歪扭扭的牙齿、口齿不清的发音令人厌恶。

面对一些同学的好奇,她总是急急忙忙地解释:"我小时候不小心摔了一跤,地上刚好有碎玻璃,所以我的嘴巴才会变成这样的。"虽然这是一个谎言,但她觉得只有这样说,她才能够减少异样的目光。

在众多恶意面前,小美失望极了,大概除了爸爸妈妈,再也没有人喜欢她了,她对学校产生了一种厌恶感。直到三年级时,小美的班级换了一个班主任,她身材微胖,眼睛清澈而透亮,特别爱笑,有两个小酒窝,特别亲切可爱。班级里每个孩子都很喜欢她，连小美也对她特别亲近。

班主任的班会课组织了一个活动——耳语测验，就是同学之间相互传话。

这一次，小美是第一个，传话给她的人是班主任。看着队伍后面的同学一个个兴高采烈，小美却暗暗担心，她不知道班主任这一次会说什么，以前她说过"花很漂亮"和"你喜欢自由吗"。

班主任凑过来了，小美故意侧了侧身子，班主任低下身子，靠近小美的右耳，用不轻不重的声音说："小美，我希望你是我的女儿。"

短短的七个字，就像一束温暖的光亮，安抚了小美幼小的心灵，她突然觉得世界变得温柔了，她也感觉自己的力量在慢慢增强。渐渐地，小美每天都开开心心的，对自己充满了信心和希望。

3

在你心中，是否也珍藏着一段动人的温馨的故事；你是否会在梦中见到恩师期许的目光和斑斑白发；你是否还记得那个临别时的诺言——老师，我会回来看您的！

可是，你做到了吗？

当你想要报答或是探望某个人的时候，不要迟疑，时间不等人，不要给自己的人生留下遗憾。

一日为师,终身为父。就请你,沿着学生时代那条熟悉的小路,去拜访一次你难忘的恩师吧。

陪父母过个生日吧

每个人都记得自己的生日,并且生日时总是习惯了从父母那里得到生日礼物。可是,很多人却未曾在意过父母的生日,甚至从不记得他们的生日。

1

我有一个好朋友在每年的特定一天,他都会关掉手机。

我们对此十分好奇。后来他告诉我们,因为这一天必须是完全属于父亲的,没有琐事,只是陪在父亲身边而已。

刚开始我们只当他从小就这样孝顺,但他却有些难过地告诉我们:"这是母亲的临终嘱托,一定要每年陪父亲过生日,无论如何都不能缺席。"

母亲离去的第一年,他早早推掉那天的所有事并准备买件衣服送给父亲。可是，由于之前父子关系一直很紧张，他从没有细看过父亲，只能凭感觉以自己的尺寸买了一件大衣。当天一早他就出门了，可是一直犹犹豫豫到下午2点，他才敲响了父亲家的门。

"大门打开的时候，我还没做好心理准备，就发现父亲眼睛通红，他看着我故作镇定地问：'你怎么来了？'我怯生生地答道：'生日快乐。'他听到这儿猛然一把将我抱住，我背上一阵温热，他竟然哭了。而我也没有忍住，哭了出来。进屋，我就看见桌上摆着一个酒瓶，父亲看见我好奇的神色，故作自若地耸耸肩说：'我最怕一个人过生日了，如果你没来，我只能把自己灌醉了。'"

那是奇妙的一天，父子两人就好像多年未见的朋友一般聊了很多，从生日、工作一直到女朋友、婚姻，几乎无所不聊。他从不知道没有母亲在一边撮合的情况下，能和父亲有这么多可以聊的话题。

剑拔弩张的父子关系就这样化为绕指柔，陪父亲一起过生日成为两人奇妙的缓冲剂。那天以后，尽管他和父亲还是很少见面也很少聊天，但是每年总要在父亲生日这天陪着父亲。就这样，父亲的生日变成了两个人的节日，最近，他准备自己的生日也和父亲一起过。

2

晚上的时候,我和爸爸妈妈一起看电视,电视上两个年轻的男女主持人和一群孩子正兴致勃勃地做游戏、聊天。主持人首先问孩子们:"爸爸妈妈都知道你们的生日吗?"

孩子们异口同声地回答:"知道!"

主持人接着问:"爸爸妈妈给你们过生日吗?"孩子们还是异口同声地回答:"过!"

主持人再问:"你们过生日的时候,爸爸妈妈送什么礼物给你们?"

所有的孩子都神采飞扬地夸耀着爸爸妈妈给自己送的生日礼物。这时候,主持人又问孩子们:"你们谁知道爸爸妈妈的生日?"

刚才还喧闹不止的孩子们突然都默不作声了。

主持人问一个女生,说:"你知道你爸爸妈妈的生日吗?"女生红着脸,羞愧地摇了摇头。主持人接连问了几个孩子,他们都回答不上来。

主持人接着问:"爸爸妈妈过生日的时候你们给他们送什么礼物啊?"

大多数孩子仍旧保持了沉默,只有少数孩子回答说曾给爸爸妈妈送过生日礼物。

最后,主持人说:"孩子们,你们想过没有?爸爸妈妈为什么能记住你们的生日,而你们却记不住爸爸妈妈的生日呢?
爸爸妈妈为什么会给你们送生日礼物,而你们却不知道给他
们送生日礼物?"

孩子们都低下了头。

主持人总结说:"那是因为你们还不知道关心别人,孩子
们,你们今后知道该怎么做了吗?"

所有的孩子齐声回答说:"知道了!"

3

作为儿女,如果你连自己父母的年龄和生日都不知道,
那么,你为人子女真的挺失败的。对老人来说,最大的幸福莫
过于每年寿宴上儿孙满堂。所以,不管你的工作有多忙,陪父
母的时间多么少,有一条笃定的原则就是,父母的生日一定
要陪他们过。

子女的生日,就算全世界的人都忘记了,父母永远都会
铭记于心。被当成每年必须精心准备的节日对待。不管多远
的距离、多久的时间都割舍不断他们对你的牵挂。

而父母的生日,作为子女也不应该忘记,谁都不希望被
自己所关心的人遗忘。每年当父母生日来临之时,真心地奉
上一份礼物,送出一份诚意的祝福,就算只是发个红包,说几
句话,也能令二老感受到你的体贴和牵挂,让他们过个甜蜜
而温暖的生日。

有人说:"孝心也许是一处豪宅,也许是一片砖瓦;也许是纯黑的博士帽,也许是作业本上的红五分。但是在'孝'的天平上,它们永远等值。"只要我们带着真心实意去祝福父母,就是他们最大的欣慰。

善待自己的父母,在来得及的时候,给他们过好每一个生日吧!

你很闲? 那么学点理财吧

一个人一生能积累多少钱,不是取决于他能够赚多少钱,而是取决于他如何投资理财,人找钱不如钱找钱,要知道让钱为你工作,而不是你为钱工作。

1

36岁的莎莎,依然保持着美丽的容貌和曼妙的身姿。正因如此,她身边的男人总是不停地变换着,但每一个男人都有一个共同的特点,那就是他们的荷包永远是鼓鼓的。

当初,因为她无法忍受平淡且没有金钱的生活,不顾老公百般乞求离了婚,从此便走上了这条依附男人的道路。

宋佳是莎莎的同事,两人在一起工作久了,关系还算融洽。一次闲聊中,她们聊到了各自的生活,宋佳说自己的薪水虽然不多,但足够自己生活,而且每月会将一部分钱交给保险公司,以使自己的晚年有所保障。

莎莎听完不以为然,人嘛,其实不必想那么多,过好现在比什么都重要。人生短暂,能享受就享受,只有过好现在的每一天才是实实在在的,现在不享受,等老了还有什么精力去享受?

宋佳对莎莎的论述无言以对。

虽然莎莎的生活依然光鲜亮丽,但宋佳也依然按自己的计划生活着。

2

王嘉琦的家境不错,母亲是一家美容院的加盟商,父亲经营着一家快餐店。父母两个人每个月都会给王嘉琦500元的零花钱,其实,那个时候,很多孩子的零花钱还不到300元。

而且在王嘉琦上高中的时候,一个月的伙食费基本上200元就能够解决。学校里是统一着装的校服,封闭式学校禁止学生随意地出入校门,所以,即便是父母给了王嘉琦这么多钱,他也花不出去。

王嘉琦一年就攒下了6000多元钱。他忽然间冒出个想法,给自己办理一张只存不取的户头,像每一个普通家庭的孩子一样,每个月只给自己300元的零花钱,剩下的200元全部存入那个户头。

慢慢地王嘉琦步入了大学,大学的时候,每个身边的同学一个月都能从家里获得1000元的生活费,王嘉琦的父亲每个月给他1500元。

这样,王嘉琦开始每个月存起来500元。有的时候钱花得太多了,那个户头他也不去动,他加入了同学们的勤工俭学行列,开始和同学们一样靠自己的劳动赚钱。

大学毕业以后,家里面不用再给他生活费了。他找到了一份工作,每个月的工资是3000元,外加一些其他补助费用,王嘉琦每个月能拿到3800元。在外面的生活很艰辛,每个月都存不着钱,但是他仍然强迫自己每个月必须存进去500元。

在他工作的第三年,父亲想要给他买个房子,帮他出个首付,让他自己还贷款,这个时候,王嘉琦拿出了自己的卡:"我也有钱。"

3

优秀的人应该学会未雨绸缪,中国古代有句老话说:"一日一钱,千日千钱;绳锯木断,水滴石穿。"所有的财富都是靠点滴的积累。

每个人都应该有忧患意识,每个月存一部分钱,是为了将来发生不测的时候能够救急。这个世界上的危机无处不在，无论是自然灾害还是人为造成的，所有的这些，都不是我们凭借着自己的力量可以避免的。对于很多事情，能够有意识地去做一些准备，在危机真正来临时，就会对我们有所帮助。

在《我与兰登书屋》里，曾讲述了这样一个自传式的故事。

乔治·威廉斯在芝加哥的一家印刷厂工作，他想开家小印刷厂自行创业。于是乔治·威廉斯去见一家印刷材料供应站的经理，向他表明了自己的意愿，并表示希望对方能让他以贷款的方式购买一部印刷机及一些小型的印刷设备。

这位经理听完他的话劈头就问："你有没有存钱的习惯？"

乔治·威廉斯确实存了一点钱，他每个星期都会固定从他那30元的周薪里拿出15元存入银行，已经存了将近4年。这使他很快获得了他所需要的贷款。后来，对方又允许他以这种方式购买更多的机器设备。就这样，乔治·威廉斯逐步拥有了芝加哥市规模最大、最为成功的一家印刷厂。

第一次世界大战结束后的1918年，有位作家前去拜访威廉斯先生，请求他借给自己几千美元，以便资助出版《黄金规则》杂志。

像几年前那位经理向自己提出的问题一样，乔治·威廉斯提出的第一个问题就是："你有没有存钱的习惯？"

机会随时都会出现，但很多时候机会只会光顾那些手中有余钱的人或是那些已经养成储蓄习惯的人，因为他们在不间断地储蓄的同时,还养成了其他一些良好的品德。所以那些投资者往往宁愿贷款100万元给那些品德良好、且有良好的储蓄习惯的人,也不愿借贷1000元给一个没有品德且只会花钱不会存钱的人。

没有哪个人能够保证自己的一生没有任何意外发生。最可靠的理财方式就是为自己规划一份合理的商业保险,保险是保障人一切意外、危险、年老时的资金保障。

生命是我们最宝贵的财富,健康和长寿是我们此生最大的愿望。人生需要规划,健康生活需要良好的身体保驾护航,理想的人生也需要一份合理的理财计划来保驾护航。

否则,在年老之时,没有人会无缘无故多给你一分钱,当风险不可避免地降临时,也没有人有义务为你的风险负责。

一辈子那么长,总该做些"无用"的事

每个人,都有许多想做但却一直没能做的事,这里面包含了,想学但始终没学的一门技能,或者是诗书琴棋,或者是插花、刺绣,或者是进修一门外语……但是问及后来为什么

没坚持，回答大都是"这有什么用"或者是"没时间"等等。

但，如果人生，活得太"实用"，那便多少失去了生命的意义。学会寻找和享受一些"无用之事"，方不辜负这大好的人生。

1

我有个姐姐，结婚三年了，终于有了自己的小宝贝。知道自己怀孕的姐姐，既有欢喜也有忧。她不愿意舍弃自己工作了五年的单位，但因为她是高龄产妇，也害怕繁忙的工作会对孩子造成不良的影响。

姐姐思前想后，最终还是决定辞职，安心在家里养胎。但是从职场撤离下来的她，感受到的是无边的空虚和寂寞，平日里她早上7点起床风风火火像打仗，如今她还是习惯7点醒来，却不知道做什么好，愣了半天才慢慢地到厨房随便给自己做个早饭，吃完后看看电视，看看书……她感觉，日子如同反复重播的录像带，枯燥乏味。

"没意思"，成了她的口头禅，她经常打电话给我抱怨："日子太没意思了。"

我劝她调整情绪，否则对自己和肚子里的宝宝都不好。但她就是感觉日子漫长得难以打发，她也知道我们这些亲戚朋友都有自己的事，不能一次一次来打扰我们，情绪坏的时候，她只能打丈夫电话出气。

一天，她照例对着丈夫抱怨："我真的是无所事事，太无聊了。"

丈夫问她:"那你为什么不找点有意思的事情做呢?"

"我肚子里有个孩子,我能做什么?"她反问:"旅游?远足?还是出去运动,都不可能,就只能关在家里,顶多到花园里散步。"

"在家里也可以做点有意思的事情啊。"丈夫想了想,说:"你年轻的时候,不是一直想要学古筝吗?那个时候我们没有钱,你也没时间,现在刚好你没有什么事,不如买一个古筝,请一个老师来教你吧,这样,对孩子也是一种不错的胎教,你将来也好教我们的孩子。"

姐姐觉得这是个好主意,于是买回了一架古筝,重新拾起了年轻时的爱好,从最基本的入门开始,一天一天练下去,渐渐地,姐姐觉得有了一个爱好后,整个人都精神多了,包括孕期的一些反应,也没那么难熬了,她找到了属于自己的精神寄托。

现在,姐姐的女儿两岁多,而她已经能够弹奏一些曲子了,有时候,她看着熟睡的女儿,轻轻地抚着古筝,感觉生活温馨且令人陶醉。

2

很多人一想到"技能",都会习惯地带上一点"实用性",比如说这门技能是否对我将来的前途有帮助?学了外语有什么用?等等,总是习惯被一个"一技傍身"的词束缚了思维,会觉得这门"技能"是用来保证自己不被"饿死"的。

这种想法无可厚非，但我们这里说的"技能"，是指和兴趣有关的，退一步说，它可以是在工作、前途上"无用"的，却是在你的精神世界里"有用"的。

在我们年轻的时候，都有过五花八门的兴趣，吉他也好，摄影也好，服装设计也好……我也曾想过大学毕业的时候，穿自己设计的小礼服，校园里走一圈，Hold住全校，现在想来是很幼稚的，但是，我对服装设计的兴趣却是一直没变，如今，我还会动手改良一些网络上淘来的衣服，拆拆弄弄，这里加点花边，那里添个腰带，你说这对我的职业有用吗？也许真的是没用，但是，至少这是我不放弃的兴趣，不管工作多繁忙，生活压力多大，我开始设计衣服的时候，我就把一切烦恼都忘记了。

我一直喜欢周作人在《北京的茶食》中写过的那一段话："我们于日用必需的东西以外，必须还有一点无用的游戏与享乐，生活才觉得有意思。看夕阳，看秋河，看花，听雨，闻香，饮不求解渴的酒，吃不求饱的点心，都是生活上必要的——虽然是无用的装点，但是越精炼越好。"

3

梁文道在《悦己》中如是说："读一些无用的书，做一些无用的事，花一些无用的时间，都是为了在一切已知之外，保留一个超越自己的机会，人生中一些很了不起的变化，就是来自这种时刻。"

世界上许多美妙,都是由无用之物带来的。

比如,听一夜窗外的"雨打梨花深闭门";比如,拍一幅夕阳下的"青山依旧在,几度夕阳红";比如,学一学如何把一瓶花插得有艺术性,或者,如何写一手好字,如何弹一曲心旌摇荡的曲子……

正因这些无用之事,我们的生存才被还原成生活。正因这些无用之事,我们的心灵才有了惊喜、抚慰、宁静、安然……那是任何有用之物,都无法企及的。

一辈子那么长,抽出时间,做一些"无用"的事吧!

第四章

从容的底气——请温柔对待这个世界

　　这个世界，总有一些无法抗拒的自然灾难和人为灾难，就像地震、山洪暴发、瘟疫或者战争、诈骗等，这些客观现实，不会因为你不想要而不出现。但另一方面，不管这个世界存在着多少缺憾和不足，它始终日复一日地向前走，所以，希望我们面对生活中的各种灾难，保持一颗平和的心，一份从容的底气。

虚心接受批评,无论是否公平

俗话说:"脊背上的灰我们是看不见的。"自己的毛病,如果没有别人指出来,自己也是不知道的。他人的批评正是我们改进的良机。有人把批评比作"伸向我们的一根跳杆",因为我们只有面对批评,并不断跳跃过它们的时候,才能越来越优秀。

1

别人批评我们,大多时候是因为我们确实存在缺点和问题,很多人在批评我们的同时,也经常会给我们一些意见。这样,我们所受的批评越多,进步也就越多。由此可见,善于听取他人的意见,对于事业的成功是十分有益的,有时甚至是非常必要的。

但有时候,我们也确实有可能受到不公正的批评,这时,我们也应沉住气,采取正确的处理方式,不要意气用事,更不能用消极的方式面对。只要是善意的批评,我们都应该乐于接受。

我曾经在一个企业当文秘,一次,企业提前做好了人事调整的安排,老总跟我讲,千万不能透露消息,以免提前影响到大家的情绪。

但是后来,很多人不知怎么竟然得知了公司的调整安排。在开会时,老总毫不留情地批评了我,说是我向员工泄露了人事安排等事。老总的措辞有些严厉,我感觉被冤枉了,非常不能接受,情急之下我把本子一合,站起来说:"我不开会了,我不干了。"就走出了会议室,直接回了家。

当天晚上,老总给我打电话,我拒接。

第二天,我干脆把手机关掉了。

第三天,早上8点多,有人敲门,我从猫眼儿里一看,天啊,居然是我的老总!

我只好请她进来了。她对我说:"人事调整的安排,确实不是你泄露的,我调查过了,我冤枉了你,是我不对。但是,有什么误会也要心平气和地讲清楚,怎么能一批就跳,意气用事呢?你要知道我也是人,是人就难免有主观的时候,而你还年轻,以后会遇到更多这样的事情,不管你是否回去上班,我都要告诉你,无论批评正确与否,都要抱着'有则改之,无则加勉'的态度,耐心地面对啊!"

这是我在职场上学到的重要的一课,我明白了,接受不公正的批评,也是一种有修养的成熟表现。

2

西方谚语说:"恭维是盖着鲜花的陷阱,批评是防止你跌倒的拐杖。"因为自尊心在作祟,人们大都不喜欢受到批评,但只有接受批评才能不断让自己进步,找出自己的弱点并加以改正。面对批评,我们首先要控制情绪、理智分析。接受他人的批评不是不相信自己,而是更加勇敢,更有自信的表现。

人本来就是学习型的生物,我们应该乐于听从别人的意见,勇敢地承认自己的不足,也可以从别人的意见中吸取到经验,这样才能找到处理事情的最佳方式。

松下幸之助说过:"有人骂是幸福。任何人都是因为挨批挨骂,才能向上进步。"受到批评的人,要有雅量把别人的责骂当作自己追求上进的依据,这样的批评才能产生效果。如果对受到批评反感,表现出不愉快的态度,就失去了再次接受良好意见的机会。

3

刚进入职场的张珊珊觉得部门前辈讨厌自己,根本不给她安排工作,就连开会也把她当成透明人。张珊珊一开始不明白是什么原因,每天惴惴不安。

后来有同事提醒她,刚进公司第一次开会时,她当着上司的面,指出了前辈方案的缺陷。作为新人,张珊珊的行为使前辈觉得她不尊重他，还给其他同事留下了爱出风头的印象，这样的行为，难免会被同事们孤立。

她想明白了，上司或者同事看你不顺眼，有时候不是无缘无故的，除了你能力不足，还可能是你不会待人处世。你不想被人冷落，那就审视自己，提升自己。

不同的人站在不同的立场，会有不同的看法。有时候，我们需要站在别人的角度上看看自己。

当然，这并不是要我们被别人的意见所左右，被那些闲言碎语所影响，做事应当坚持主见。别人的评价有对有错，我们要做的是，正视他人的批评和冷言冷语，不断纠正自己，对批评我们的人说声"多谢指教"。

因为，与人争得面红耳赤常常没有任何意义，不如表现得优雅些，我们做得好，受到赞扬的时候，就说声"感谢"；我们做得不好，受到批评的时候，学会接受，并吸取经验，为下一次做得更好做准备。

虚心接受批评，无论是否公平，都可以让批评变成一面矫正自我的明镜。

最后你终于明白，能改变的只有自己

经常听到有人抱怨住处周围的卫生特别糟糕，小区垃圾桶旁边到处散落着各种垃圾，事实上，当他路过的时候，也是把垃圾随便一扔，心里想的是，反正都已经这样了，也不多这么一点垃圾。如果人人都抱着同样的想法，那环境卫生根本得不到改善。

改变周围的环境，有时候好像是"痴人说梦"的理想，但作为个体，我们能够改变自己。通过个体的不断累积，使环境得到改变。

1

在人类进化的最开始，所有生物都是赤脚行走的，人类也不例外。

有一位国王打算去乡村处理事情，但通往乡村的路上有很多的小石子，把国王的脚硌得生疼，脚底都受了伤。他一边忍着痛，一边回到王国里，宣布要把王国内的所有道路都铺上一层牛皮,只有这样,国王才能够不再被石子硌脚,而王国的居民也能免受其苦。

想法是好的,但真正实施起来,却遇到了问题。王国就这么大,就算把整个王国的牛都杀了,也得不到足够的牛皮铺完整个王国的道路,而且这还没有计算养牛的成本以及铺路需要花费大量的财力物力人力。

国王的命令,身为大臣不得不听,但完不成,又会遭到批评。好在有一位勇敢的大臣向国王谏言:"陛下,我认为杀掉整个王国的牛,甚至兴师动众,筹备那么多人力物力,不划算。不如您试着用两小块牛皮包住您的脚,走路就不会被小石子硌脚了。"

国王一听深觉有理,急忙撤回了命令。

据说,这就是"皮鞋"的前世。

2

小阿姨跟我说过她的故事。她学师范,大学毕业的时候国家包分配,她被分配到一个偏远的山区,生活条件特别差,工资也很少。外婆心疼她,天天在家唉声叹气的,小阿姨自己也愤愤不平,她在学校成绩名列前茅,现在被分配到这么一个破地方,始终觉得不甘心,对工作完全提不起兴趣,连平时的爱好都放弃了。她每天想的都是怎么"逃"出这个地方,被调到一个良好的工作环境当中,拿着高薪。

三年过去了,小阿姨的工作毫无起色,连之前的特长也荒废了,她也更加郁郁寡欢。

直到春季运动会的召开,发生了一件事,才彻底改变了小阿姨的状态。那天,学校特别热闹,附近的居民都来了,操场被围得水泄不通。小阿姨去得比较晚,被挤在最外层,踮着脚也看不到里面的情景。这时候,她身边来了一个小男孩,个子很矮,跳起来都不过自己的肩膀,但小男孩一趟趟地从远处搬来砖头,摞在人群的背后,一块一块地摞,一层又一层,足足有半米高,小男孩才站上去,兴致勃勃地伸长了脖子。

面对小阿姨诧异的眼神,小男孩粲然一笑,略微害羞地低了低头,但盖不住他眉宇之间的骄傲。就在那一刻,面对小男孩的笑容,小阿姨怔住了。

自己来晚了,抱怨了几句环境,却也没有要改变的欲望,但小男孩却懂得创造机会。而后,小阿姨又想起自己一直都在抱怨这个地方有多糟糕,但从不曾努力地改变现状……

自此之后,小阿姨恢复了大学时的激情,投入到工作当中,兢兢业业,一步一个脚印。没过多久,她不仅成了远近闻名的讲课高手,更利用自己的特长参与编写了许多本教材。又过了几年,她如愿被调到市里的一所中学。

3

在英国威斯敏斯特教堂的地下室,圣公会主教的墓碑上写着这样一段话：

"当我年轻的时候，我的想象力没有受到任何限制，我梦想改变整个世界。

"当我渐渐成熟明智的时候，我发现这个世界是不可能改变的，于是，我将眼光放得短浅了一些，那就只改变我的国家吧！但是，这也似乎很难。

"当我到了迟暮之年，抱着最后一丝希望，我决定只改变我的家庭、我亲近的人——但是，唉！他们根本不接受改变。

"现在，在我临终之际，我才突然意识到：'如果起初我只改变自己，接着我就可以改变我的家人。然后，在他们的激发和鼓励下，我也许就能改变我的国家。再接下来，谁知道呢，或许我连整个世界都可以改变。'"

有时候，改变周围的环境，需要拥有相当大的能力，尤其是当环境十分强大，且不利于我们的时候，这时候，选择改变自己，反而是一种恰当的智慧。

改变世界，从来不是一件简单的事情，需要耗费很大的人力物力。但，改变自己，却容易得多，我们不需要苛求，只需要让自己一点一点地改变，我们眼中的世界自然也就跟着改变了。

两点之间,可以有很多条线

一个问题的解决方法,往往不止一种。这一种方法行不通,我们要转换思路,改变角度,换一种方法,你会发现,问题一点儿也不难。但如果在遇到问题时,墨守成规,不思进取,那很可能会钻进一个死胡同里出不来。

1

大概是8岁的时候,我在一次简单的家务活中,知道了什么叫"变通"两字。

我父亲是个教师,小时候,家中经常有学生和家长来探访。那一次,家里来了三位学生和他们的母亲,一共6个人,把小客厅挤得满满的,我母亲赶着出门,吩咐我帮着父亲招待客人,去厨房泡6杯茶。

那时候我们住在大杂院,厨房是自己搭建的,需要穿过天井走一段路才能到。我走到厨房,接了一壶冷水,放在煤球炉子上烧了起来,没想到煤球的火不旺,我等了快20分钟水才烧开。然后,我突然发现,厨房找不到茶叶罐。我只好跑回客厅,大声问父亲:"爸爸,茶叶在哪里呀?"

我这么一喊,学生和家长就立刻站起来说:"不用客气了,我们马上就走。"父亲觉得不好意思,说:"别急,喝杯茶慢慢谈。"于是打开客厅的冰箱,给我取了一罐茶叶。我回到厨房,把杯子一个个洗干净,放上茶叶,冲上开水后,我又发现泡好的茶烫得要死,我只能捏着玻璃杯沿,小心地一杯一杯往客厅端……

最后,等大家面前都摆上了茶的时候,时间已经过了半个多小时。我满头大汗,而客人的茶几乎没喝一口,这次探访就结束了。

事后,母亲说我做事情不够灵活:"你完全可以在烧水的时候,就去洗杯子,找茶叶,两件事情同时进行,而不是坐在那里等着水开。"

"退一步说,你也可以去隔壁王叔叔家,借一壶热水,就不必让客人等半天了啊!"

"还有,泡好的茶很烫,厨房里有木头的托盘,你没看到吗?你可以用托盘来端茶,而不是一次端一杯的跑。"

从此后,我知道了,生活中的很多事情,不是非得"按部就班",而是可以"灵活变通"。

2

历史课上,老师讲到一句俗语——条条大路通罗马,同时也讲述了关于这句俗语的典故——古时候,罗马是当时地跨亚非欧的罗马帝国的经济、政治和文化中心,对外贸易和文化交流十分频繁, 全国各地来往的商人和朝圣者络绎不绝。罗马当时的统治者,为了加强管理,修建了一条条以罗马为中心,通向四面八方的大路。据说,无论是从欧洲的哪一条大道开始走,只要不停地向前走,都能成功抵达罗马。

如今,这句俗语有了演变,主要形容人类为了达到一个目的,通常会有各种各样的方法,就像在实现目标的过程中拥有多种多样的选择一样。

在朝九晚五的生活中,在追求梦想的路途中,我们不可避免地会遇到"此路不通请绕道"的境地。是的,前路已经不通,我们无法跨越,只能"绕道",适应环境的变化,改变自己。

"此路不通彼路通,此路风景独好,彼路风景更胜。"有时候,我们可能会执着地想要走"此路",不过是因为我们在心底认为这条路是最轻松最好走的一条, 但这样的惯性思维会让我们错过走"彼路"的机会,也错过了其他路上的美丽风景。

我们不但要适应变化,及时调整自己,更要预见变化,做好迎接变化的准备。

3

世界上有很多偶然的发明,"观光电梯"就在其中。

当时,美国摩天大厦出现了严重的拥堵问题,因为人流量的不断加大,原本的电梯已经无法满足使用需求了。工程师提出建议:停业整修,装入新的容纳量更大的新电梯。上层领导立即批准,电梯工程师和大厦建筑师纷纷开始准备,正要穿凿楼层时,一位大厦的清洁工好奇地停住脚步,问:"你们要把每一层的地板都凿开吗?"

"是的,如果不凿开,没有办法装入新的电梯。"工程师回答。

"那大厦需要停业很久吗?"

工程师无奈地点点头:"我们现在立马动工,不能再耽误了,不然事情就变得更糟了。我们也没有其他办法,你也看到了旧电梯的拥堵情况。"

清洁工耸耸肩,看了看窗外,说:"如果是我,我就把电梯装到外面。"

于是,世界上第一座"观光电梯"出现了。

有没有想过,为什么这么好的创意是由一个清洁工提出,而非那些专业的工程师呢?原因就在于那些工程师形成了固定的思维方式,他们总想着用建筑知识体系当中的知识解决问题,所以,他们才会陷入束缚当中,找不到好的解决方法。

当然,毕竟每个人的思维方式不同,每个人的处境、职业、生活方式不同,所以出现思维的局限很正常,但如果我们能够掌握一些方法,或许就能在困难面前游刃有余。

第一,尽量避免"此路不通"的境遇。

在走上一条通往成功的道路之前,我们要做好完全的准备,包括但不限于在事前进行详细的考察与分析,尽量得知前路的状况;预设前进道路中可能会出现的所有问题;根据每一个问题,做好对应的预案。

第二,"此路不通"时,随机应变。

即使做好了完全的准备,我们在前进的路上还是会遇到困难,不要守株待兔,面对变化,及时调整方案,换一种思路,继续朝成功迈步。平时,多锻炼自己的思维,学习变相思维、逆向思维、多向思维等,学会寻找"最优方案",拥有捷径。

因为你的善良,世界才宽阔

不知从何时起,开始流传这样一句话:"一个女孩子如果有几分姿色,你就夸她漂亮,如果她很丑,你就夸她聪明;如果她实在是笨,你就夸她温柔,如果她确实不温柔,那你就只有夸她善良了。"——这里的"善良"包含着极大的讽刺,几乎已经沦落为一个贬义词——因为每个人对善良的理解不同,一些人拿它当快乐王子的纯洁奉献,另一些人却拿它当作东郭先生和农夫的愚蠢……

1

那是一个冬天，他从乡下到城里的一家鞋厂做学徒工。条件很苦，每天需要加班，住的地方，是一间光线阴暗，年久失修的老屋。且因老屋位于临街的胡同，无处拴晾衣绳，致使被子潮了没法晒，衣服洗了也只得挂在弥漫着霉味的屋内风干。不过他一直以为这终归是小事，与别人是说不得的，自己忍忍就过去了。

一天晚上，他参加同事的生日聚会，不知怎么的，就说起了晾晒衣被的种种不便。没想到，第二天，那位同事就领他来到街对面的一个地方宽阔的院落，指着院子里拴着的一溜晾衣绳，对他说："我原来也在这儿住过，这里的人都挺好的，你以后就把衣服、被子拿到这里来晾晒吧。"

从此，他就把衣被拿到那里去晾晒。刚开始的时候，他晾、收衣被都很及时，害怕有什么闪失。日子久了，他发现这个院子里的人都挺和善的，有好几回衣服忘了收，等想起来再去看时，衣服仍旧安然地挂在那儿。

一个久雨初晴的早晨，他又把被子抱过去准备晾晒，可他到了那院子时，晾衣绳上已挤满了被子和衣服，他只好把被子挂在院角边背阴处的一根晾衣绳上。

傍晚，他去收被子时，被子不见了，那根晾衣绳也掉在了地上。他顿时心凉了，麻木地穿过那些密密的被子往回走。正当他满怀懊恼时,蓦然间,他看见自己的被子挂在院子里最朝阳的那根晾衣绳上!

他抱着充满阳光味的棉被往回走着;眼眶里竟然溢满了热泪……

多年以后,已经是一位企业老总的他,每年都要捐出公司利润的10%给慈善机构,没有人知道,促使他这一举动的,竟然是当年一根断了的晾衣绳。

2

一家有兄弟四个,平时大家都很忙,天南海北地在外面闯荡,过年的时候才有机会聚到老人身边,可是今年唯独少了四弟。去年夏天,他在一笔生意上栽了,上了当受了骗,欠了一屁股债,东躲西藏的,老婆不愿意再跟他过穷日子,扔下他和儿子,头也没回地走了,这无疑是雪上加霜。他做生意的本钱都是从乡亲那里东挪西借的,怕人上门追债,也给家人添堵,现在还哪敢回家过年啊?

团年饭上,本该他坐的那个位置,坐着他的儿子。

儿子读高中了,已经长到一米八的大个,英俊少年染着时尚的黄发,满口的新潮词汇,每天最爱睡懒觉,不到中午不起床。吃过饭,就拿着几个伯伯给的压岁钱,买鞭炮放,买饮料喝,脏衣服脏袜子扔给伯母去洗,最有兴趣的是从早到晚的打游戏……俨然一个不懂事的浪荡公子。

　　本来这个侄子是跟着他爸爸在外地躲债的,俗话说"父母老了,长兄为父",大哥实在看不下去了,大人可以不过年,孩子还未成年,不能过那样的日子,是他做主,将侄子接回来和大家一起过年,他知道小弟自己的事情弄得一塌糊涂,无暇顾及儿子的教育,平时兄弟又各人忙各人的,大哥希望趁过年团聚,多给这孩子一点亲情和关爱。但孩子这副样子,好让他心焦。

　　大哥一提话头,一家人七嘴八舌地开了锅,数落这个侄子种种劣迹,油瓶倒了都不扶,饭送到嘴边都没声谢,堂哥堂姐也埋怨他以自我为中心,电视遥控器从头到尾独霸着。最严肃的是当公务员的二哥,表示愿意亲自出马找侄儿谈谈话,批评教育他一番,"我们有责任啊。"他语重心长地说。

　　一旁沉默的三哥是最后才说话的。他说:"唉,大过年的,还是不要太为难这孩子吧。想想看,他父母离异,妈妈不要他,平时跟着爸爸四处躲债,在外过的是清苦的日子,过年了,我们收留他,我倒宁愿他这样,像这样快乐,有什么事情,也等过完了年慢慢教育,至少,让他先这样没心没肺地享受完这个春节,我们假如在过年的时候给他添堵,也搞得自己不痛快,何苦呢?"

　　一家人听了老三的话,于是无言。

　　这是一个朋友过年回来说给我听的,我为"三哥"的话深深感动。

不错，三兄弟都非常善良，对侄子，大哥的同情心是善，二哥的责任心是善，三哥的悲悯心是至善。

3

有这么一个小故事，三个人一起去超市闲逛，买了点零食。正要排队付款，前面一个盲人的手杖掉到地上。他蹲下来，用手摸索。第一个人想，这个老人需要帮助，我应该帮他捡起手杖。就在此时，第二个人已经弯下腰打算帮老人捡起手杖，第三个人却阻止了他，只是把手杖推了一点，让老人顺利摸到。

第一个人仅有善心，第二个人却有善举。而第三个人不仅善良，而且体贴，对人有怜悯之心，更有尊重之意。

真正的善良，它不是责任，也不是义务，它就像一种好的习惯，是经过时间的历练而培养出来的一种理性选择，推己及人，与人为善，善莫大焉！

静静等待一场爱情的降临

其实结婚真的很简单——只要你想嫁,一定有人娶。但,就是因为太简单了,反倒对于我们来说,没多大意思,因为,我们不愿意妥协,不愿意攀附,也不愿意将就。

1

我辛苦工作了一年,单位倒也没有亏待我,我当然也不会亏待自己,顺便还想尽尽孝心,带着爸爸妈妈一起出国旅行,没想到老妈根本不给我这个机会,就两个字"不去!"老爸只能在旁边干着急。

我和我老妈能把关系处成这样的原因,很简单,因为她有一个快三十——我们这边算虚岁——都嫁不出去的女儿,她觉得这是太丢脸的事情。

这边老妈还没闹腾结束,那边姨妈又带着妹妹来了。看到她们倒没什么,只是她们带来的消息让我更没什么好日子过了。姨妈拎起女儿的一只手示众,钻石亮晶晶啊,一下子照花了大家的眼睛,"两家人前两天刚刚一起吃过饭,要结婚了。"

我这后背顿时一阵寒意,再看老妈的表情果然就不对了,嘴角抽着抽着憋出一句,"恭喜哦,到时候一定要包个大红包。"

2

心情不好,我约了闺密娜娜小聚。

娜娜刚进公司的时候,被某公司的小开看中,每天一束鲜花送到桌上。当时她的顶头上司是个年纪三十的精英女,后来,精英女嫁了一个洋人,喜滋滋地收拾行装去了法国,留下的位置直接传给了她。

接了精英女的位置,娜娜更是忙得分不开身,小开因为她的频繁加班出差积怨成怒,悻悻而走。

其间娜娜有过两段感情,真正伤了的是第三段感情。那时她已经30岁,被派驻新加坡,与新加坡总公司的发展部总监在公司年会上交谈前五分钟就感觉两人之间电流四射,然后月下漫步,烛光晚餐,一切都满足了她少女时期的所有梦想,满以为携手进入礼堂是水到渠成,瓜熟蒂落的事情。但是两年合约满了,娜娜要回去任职市场部高级经理,总监先生这才如梦初醒:为什么要回去?你回去我们怎么办?我不能离开新加坡啊。

两人不欢而散,后来又争执了几次,总监不愿意放弃自己在新加坡的多年基业,娜娜也斩钉截铁地要回国继续下一个事业高峰,两人不欢而散,可没想到,娜娜刚回来还没来得及舔伤口,那边的结婚喜帖已经寄到每个人手里了。

娜娜冷笑一声,那么光速,早知结婚是如此简单的事情,我至于执着于一个The One的信念熬到今天吗?

我说:"那你为什么还不结婚?"

娜娜再次冷笑,因为结婚是如此简单的事情,所以对我来说没什么大的吸引力。

3

对啊,不就是找个人结婚吗?还不简单。

怎么个简单法?相亲去呀!

左兰是我认识的,最"热衷"于相亲的女性朋友了,我这个人说到相亲就烦,她不一样,振振有词:"出来相亲的男人才是一门心思奔着结婚去的,反正我都想好了,就是找个合作伙伴吧。"

左兰第一次相亲地点是在花园饭店,男方三十出头,开宝马,坐下的时候菜单都不看,先叫上燕窝鱼翅,吃到七分饱,一边用雪白的餐巾抹嘴一边微笑:"我父母是老派人,我希望未来的太太,能喜欢热闹,父母年纪不小了,一结婚最好就生孩子,将来,要帮我照顾老人,抚养孩子。"

"要不要三年抱俩？"左兰嘲讽。

对方还没有意识到问题所在，当下眼睛发亮，"肯生二孩儿？最好不过。"

的确是最好不过——还是相亲好，一开始就能够这么彻底地了解对方的要求。

吸取第一次经验教训，第二次安排上场的是一位专业人士，据说是某律师事务所的顶梁柱，自我介绍的时候一板一眼，走出饭店看到左兰的车仔细研究了好一会儿，然后问了一个很专业的问题。

"小姐，你月收入究竟是多少？"

到底是律师，真够犀利的。

回去之后介绍人传话过来，对方觉得一切都好，就是可能，或许，大概，能力太强了那么一点点，夫妻两个还是互补比较好，要是全都在外搏杀，那这个家里到底谁来照顾呢？

好吧，互补就互补，第三位相亲对象是位IT男，相貌普通，但是非常老实忠厚，工作就是朝九晚五对着电脑编程序，编完了就等着那个程序发生问题，然后他就可以再次上阵，一门心思地解决问题。

IT男的优点很明显，对太太的要求不如对电脑的要求高，只要不出现太太砸电脑的情况，一切好商量。这么约会了几轮，IT男终于按照常规程序，在某日晚餐后小心翼翼地牵起了左兰的手。

大冬天的,他的手却是汗津津的,看得出来没什么经验,紧张得不得了。

左兰觉得有点好笑,刚想翘嘴角,却突然流眼泪了。

她跟我说,原来就在那个瞬间,她突然想起了一个叫"爱情"的东西。

看吧,理论是一套,实际又是一套。

毕淑敏曾经写过这样一篇文章,叫作《千万个丈夫》,文中说:符合我们条件的,能够被我们接受的爱人其实世间很多很多,只不过机缘巧合,遇到这个就是这个,玄妙一点说这就是缘分,简单一点说就是巧合。换一个人,未必就会生活的不好,为一个人要死要活的,并不见得这个人就是你一定不能错过的最佳伴侣,多半都是因为个人性格的执着,和不懂放手的智慧而已。

但就是因为太简单了,反倒对于我们来说,没多大意思,因为,我们不愿意妥协,不愿意攀附,也不愿意将就。

有时候,我想,不知道在偌大一座城市,还有多少个和我一样,天天两点一线忙着上班、加班,每日只简单扎个丸子头,抓个大背包就出门上班去的寂寞白领呢?

谈恋爱?也不是不想,可是圈子太窄,好男人不是已婚就是年纪太小,所以终究,还是落得个孤家寡人。平时上班事情多还不觉得,可到了周末……我好比买了体育彩票那样,尽管也对爱情、婚姻不抱太多希望,但或许真的有一天,我说不定会中五百万呢。

我想起张小娴有一句名言：爱情，就是在合适的时间合适的地点碰到合适的人。

我的那个人也许一直没有出现吧。

没错，我的目标是结婚。但，附加条件是不能影响自己的工作和生活，只有志同道合的婚姻拍档才是维持以后漫长岁月里和平共处相互保障的基石，天下没有十全十美的事情，想得到一些就得放弃另一些。

如果你和我一样，我们都还期待一场爱情的降临，就静静地等待吧，不论什么时候他出现，都有一颗完整的心在等待着。

拿出三分之一的心思爱自己

请接受你现在的样子，同时也完善你现在的样子。运动让你更加有气质，读书让你看见未见过的世界，穿衣打扮让你每天都有期待。不要成为别人嘴里的那个人，只愿自己在摩肩接踵的人群里，不会因为平凡而感到慌张，心里有底气，这个世界上不会再有第二个我了。

1

梁晓声曾在一篇文章中写道:"倘若有轮回,我愿自己来世为女人。我不祈祷自己花容月貌,不敢做婵娟之梦;我想,我应该是寻常女人中的一个。那么,假如我是一个寻常的女人,我将一再地提醒和告诫自己——决不用全部的心思去爱任何一个男人。用三分之一的心思就不算负情于他们了。另外三分之一的心思去爱世界和生活本身。用最后三分之一的心思爱自己。"

用三分之一的心思爱自己,这番话说得多么动容。

2

我在餐厅吃饭,遇到一对年轻的情侣。

女孩想喝酒,只见男孩白了她一眼,说女孩子喝酒像什么样子,于是女孩乖乖地放下酒杯,不再说什么。女孩想吃辣,男孩说了一句"我不吃",女孩就没再提,把菜单递给了男孩。

看得出,女孩很在意身边的男孩,一会儿变身男孩的丫鬟,一会儿变身他的姐姐或母亲,言语中带着关心与体贴,同时还有一份依赖。

男孩除了外表出众之外,我真心没觉得他有什么特别的吸引人之处,至少在吃饭的那段时间里,他始终摆出一副高傲的表情,言语上也丝毫不客气。

吃完饭回到公司继续上班,快到下班的时候工作还没有做完,我把新来的助理通讯员叫进办公室。

"等下那边还有一个策划需要商议,通知整个小组准备一下。"

"今天我不能加班。"助理说得斩钉截铁。

"为什么?"我露出奇怪的表情。

"今天我男友生日,我们要一起吃晚餐,为他庆生。"

"哦,结束以后再去,顺便帮我说声生日快乐。"

助理的男友我是记得的,明明是街头卖艺款的脸偏要次次西装革履风度翩翩地出现在大楼下等待女友,每一次都让我无语地掩面而过。

"不行,餐厅早就定好了,如果我加班,他一定会不高兴。"

那就让他去不高兴好了,真想就这么一句话送给她,但是开口之前看到面前这位小姐脸上的坚毅表情,我想了想还是忍了。

但我隐约为眼前的女孩们感到担忧。很想走上前去告诉女孩:"不要为了任何一个男人忽略自己的存在,也不要在爱情的世界里迷失自己。唯有懂得自爱的女人,才会拥有他人的爱,才值得被人深爱。"

如果你爱他,你就要先爱自己,如果你在乎他,就要先在乎自己。

3

学会做自己,做自己喜欢的。这样,你得到的不仅是爱,更多的是他对你的尊重。

只有做到爱自己,和其他人的关系才能真正算是一种爱的关系,而不是建立在需要、依靠、恐惧或不安全的感觉上。

我认识一位女主编,没房,没车,没爱情。她对我说,像她这样的女人,若是生活在家乡,简直太失败了。没有房子、没有车子、没有老公,也没有孩子,这么大的年纪了,似乎一无所有。可实际上呢?她觉得自己过得挺好的,所以也不在意他们怎么说,怎么看。

不少人羡慕她的洒脱,问及如何才能做到不受别人评价的左右,她说出了自己的五条原则:

第一条,把自己的思想言行和自我价值区分开。别人的评价,只不过是他们对事情的看法,并不是真理,也不是不可改变的。认为对的就听,认为不对就一笑而过。对于那些企图支配自己的人,要坚持"你的意见跟我没关系",不按照他人的感情确定自己的价值,也不去跟他们解释,或者做出反驳,有些事不说还好,越解释越纠缠不清,不必浪费时间。

第二条,不奢望别人理解自己。自己的许多做法,别人可能无法理解,但这没什么大不了,也不需要他们一定理解。人的思想、修养、经历都不一样,不可能对别人的言行都能感同身受，如果每件事都要得到他人的理解之后再去做，那么人生的很多时光就已经错过了。

更何况，就连我们自己也对很多人和事想不明白，可人家依然按照自己的方式活着。记住一句话，人不需要理解一切，也不可能理解一切。

第三条，不用过多征求别人的看法，相信自己的判断。许多事发生在你身上，而不是发生在别人身上，他们的看法不过是以他们的阅历和认知来判断的，根本不了解你的实际情况。这就跟穿衣服是同样的道理。不同的身高、体重、气质，自然要选择不同的衣服，要是穿上不适合自己的服装，就可能惹来嘲笑。如此，你会变得更加不相信自己。

第四条，不要怕被人批评。想要从别人的目光中逃离，就要做好批评甚至挨骂的准备。当你不理睬他人的评价时，对方可能会说你自以为是，狂妄自大，目中无人。不必生气，也不必难过，这是很正常的事。世界上，那些与众不同的人往往会遭受非议，而你不采纳对方的意见，不理睬他的评价，本身就显示了你的与众不同。

第五条，不要害怕被孤立。女人往往是害怕被孤立的，这意味着没有人理解支持你，这使你感到无助。不过，真理有时就是站在少数人一边的，若因为认可自己行为的人少，就轻易地放弃，或者否定了自己，着实可惜，也很不明智。不管你是少数还是多数，你认为对的，就该坚持，也值得坚持。

　　这五条原则,让她顺利地处理过许多复杂的情绪。起初是用这些话来提醒自己,慢慢地,就成了一种思维习惯和行事作风。

　　她说,女人活在自己的世界里,就该自己做主。

　　其实,换个更简单的说法,想想自己是怎么评价别人的,自己心里的疙瘩也就容易解开了。

　　行走在人群中,我们总是感觉有无数穿心掠肺的目光,有很多流言蜚语,最终乱了心神,渐渐被缚于自己编织的一团乱麻中。其实你是活给自己看的,没有多少人能够把你留在心上。

　　是啊!何必在意他人的目光,何必向不值得的人证明什么,活得更好是为了你自己。

　　如果做到不用全部的力气爱自己,至少要拿出三分之一的心思爱自己。

第五章

和不安的内心好好聊聊

　　我们都要和不安的内心好好聊聊,聊开了就不再焦虑了。聊开了我们就能清楚地认识到,自己到底需要的是什么,当我们拥有了一颗淡定的平常心,就能从容地去面对生活中的一切。

孤独是走向充实的必经之路

很多人对孤独的理解,似乎都是离群索居、顾影自怜、孑然一身之类的,听上去很消极的词语。看起来,好像只有完全融入群体生活,才能得到幸福。其实,孤独也分好几个等级,离群索居、顾影自怜、孑然一身等不过是浅层次的,真正的孤独更像是一种安宁的心境,一种高贵的品质。

1

著名作家、哲学家亨利·戴维·梭罗曾经就读于哈佛大学。1845年的春天,当时梭罗28岁,他带着一把借来的斧头和一些必备的生活用具,轻快地走进了美国马萨诸塞州瓦尔登湖畔的森林深处。

在他的面前,就是美丽的瓦尔登湖,轻风在湖面吹起层层涟漪,也吹得他思绪飞扬,仿佛在经历了红尘中的繁华与喧嚣后,他终于找到了一个静美的世界,可以映衬自己真实的内心。一个月后,他用在森林中砍来的木材亲手搭建了一座小木屋,这将是他未来的居所。当他夜里躺在床上时,有月光从窗外照射进来,还可以听到外面的树叶被风吹得哗哗地响,此刻,他觉得自己距离生命的真谛是那样的近。

每一天的清晨,他都会被鸟鸣声所唤醒。上午的时候,他会坐在小木屋前,沐浴着阳光静静地思考;到了下午,他就会或在湖边垂钓,或在湖面上泛舟……

其实,他还有一位"邻居",那就是早在他来之前便在这里安了家的一只野鼠。每当他吃饭时,它便来到他的脚下,捡食地上的面包屑。慢慢地他们就熟识了,有时会在一起玩,像一对老朋友。渐渐地,善邻都来了,最热闹的便是那些鸟了,最早来木屋里安家的,是一只美洲鸽。它居然大模大样地来这里安家,与梭罗共处一室。在屋外的一棵松树上,住着一只知更鸟,每天都为他演奏自然的乐章。在五月里,会有鹧鸪拖家带口地从林中飞到窗前……

除了舒适与安逸,梭罗还要劳动,因为他需要养活自己。可他一年中只劳动六个星期,因为他不需要任何多余的东西,只求温饱就够了,他说:"多余的财富只能够买多余的东西,人的灵魂必需的东西,是不需要花钱买的。"

也就是在这种孤独的幸福中,才有那本传世之作《瓦尔登湖》,那份恬静与和谐,怎能不撩动读者心底的那根脆弱的弦?

2

人生的光亮,都是由我们对事物的热忱点亮的。在孤独当中,我们更应该鼓起勇气,找到属于自己的路。要知道,孤独不仅不可怕,还能对你产生激励作用。

在2007年"全国道德模范"的获得者中,有一个人是四川凉山彝族自治州木里藏族自治县邮局的投递员。他叫王顺友,常年从事着一个人、一匹马、一条路的艰苦平凡的乡邮工作。他走过的邮路往返里程360公里,每个月投递两班,一个班期为14天,二十多年里,他的送邮往返行程长达26万多公里,相当于走了21个两万五千里长征,绕地球转了6圈。

王顺友负责的是马班邮路,这条路是出了名的山高路险,气候也十分恶劣,一天要经过几个气候带。他经常露宿荒山岩洞、乱石丛林,经历了被野兽袭击、意外受伤等艰难困苦。他常年奔波在漫漫邮路上,一年中有330天左右的时间在大山中度过,无法照顾多病的妻子和年幼的儿女,他没有向组织提出过任何要求。

"为人民服务不算苦,再苦再累都幸福",这是王顺友在山间投递信物,百般无聊时自编自唱的山歌。在经历了多年的寂寞和孤独后,他的心灵也随之越发强大起来。他经常这样告诉自己:"我一定要对我的工作负责,一定要为等着信物的人民负责!"不仅如此,在完成了投递工作之余,他还主动为农民群众传递他的所见所闻，包括如何挑选优良种子，让自己的粮食收获更多……在王顺友工作的这二十多年里，他总是尽职尽责按时完成投递任务。

他的工作，是看起来简单，却又无比复杂的，他在这并不简单的工作中，收获了宁静的幸福。

3

孤独不是一个人见人爱的东西，但也是一个人人都能拥有的东西。孤独，不同于无聊，或者寂寞，无聊者的心灵是无趣、不好玩，寂寞者的心灵是空虚，甚至充满着对生活的恐惧，从而迷失了方向，情绪上变得颓废。

有的人长期一个人生活，却过得很充实；而有的人夜夜狂欢，三五好友相遇，内心仍有无边无尽的寂寞与空虚。渴望孤独能尽情享受孤独的人，大多是内心充盈、志存高远；不拥有"自我"的人，永远是孤独的，哪怕身边的朋友再多，场面再热闹，等一切都散尽了，原先的麻痹作用早已消散，扑面而来的空虚与寂寥，慢慢侵蚀了自己的内心。

尼采在《查拉图斯特拉如是说》中写道："孤独是对别人的一种饥渴。你想念着别人，但还不够——你是空虚的。因此，每个人都想在人群中，给自己编织各种人际关系，只是为了欺骗自己、忘记自己是孤独的，但是孤独会一再冒出来，没有一种人际关系能够隐藏它。"

他还写道:"孤独是一种正面的感觉,那是感觉到你自己的本质,那是感觉到你对你自己来说是足够的——你不需要任何人。"

也许,身边多一些朋友,可以让你远离形单影只,却难以消除内心的孤独感。就像金钱可以帮你打发空虚,却无力填充你的孤独。

陈怡心从小就是在蜜罐子里长大的女孩,四年大学,为了能满足自己对父母的依赖,周末的时候常常买机票飞回家跟父母团聚。在别人的眼里,她就是个令人艳羡的小公主。

工作以后她在父母的安排下进了一家外企,起初的时候大家很喜欢陈怡心。因为她虽然是个千金小姐,但是对待同事却没有一点娇气的架子,喜欢跟大家打招呼,问东问西,还喜欢在下班的时候挤进他们的活动中。

但时间久了,大家开始有些想躲开陈怡心。当同事在说悄悄话的时候,陈怡心会忽然冒出来:"喂!你们在说什么啊?我也要听。""喂,你们昨天去了哪啊?我也要去。""你们有什么事情瞒着我不带我呀……"甚至是"谁和我去洗手间?"一问再问,如果没有人陪她,她就逼迫着边上的同事多喝水。

我见过陈怡心和她的男朋友,毕业后的陈怡心不在父母的公司工作而选择留在北京,所以她认为自己最亲近的人就是男朋友了。上班时间短信不停,下班后电话轰炸。回到家后不让他单独出去,必须留在家里陪她。

有一次,男友陪老总在酒店应酬,陈怡心的电话不断,惹得老板和客户都不高兴了,索性就关了机。回去后陈怡心大吵大闹,嚷着要分手,他一怒之下说:"好!分手。"头也不回地摔门离去。

我问陈怡心,难道你不知道距离产生美这个说法?还是对自己没自信?

失去男友的陈怡心似乎一下子老了几岁,她红着眼睛说:"都不是,我只是没有安全感。我想要爱,很多很多的爱,亲情也好,友情也好,爱情也好,可以像天鹅绒一样包围我,让我不觉得孤独。"

的确,很多人都没有安全感,又不懂得自己给予自己安全感,所以就会非常的恋家或者黏人。可能由于生存、生活、求学、爱情或者追求梦想,我们总是不得已要离开家乡,离开朋友,离开熟悉的环境,或者被离开,在一个陌生的环境里举目无亲,又或者在一个熟悉的环境里睹物思人,总之我们在不断地面对离别,跟老朋友说了再见之后,有了新朋友,新朋友很快成了老朋友,于是又说了再见……

这种失落的情绪伴随着成长会越来越强烈,直到现在,即使旧人回来了,却还是觉得中间有着深深的隔膜,父母跟我们不再那么亲厚了,因为我们长大了,打不得骂不得,朋友不再跟我们那么亲密了,因为大家都有自己的工作和家庭或者爱情要忙,孤独,前所未有的孤独。

逃离孤独——这是脑子里唯一的念头，害怕独处，所以不管是上班下班休息日哪怕是吃饭上厕所，总要拉着一个人陪自己，有什么活动一定要积极参加，非要玩到筋疲力尽才肯罢休，回到家倒头就睡，不给自己任何独处的时间空间……

有人曾问斯多葛学派的创始人芝诺："谁是你的朋友？"

他说："另一个自我。"

人生在世，我们当然不能没有朋友。但在所有的朋友中，最不能忽略的一个朋友是自己。如果你和自己都是陌生人，即使朋友遍天下，也只是热闹而已，你的内心仍然是孤独的。

能不能和自己做朋友，关键在于有没有芝诺所说的"另一个自我"。这另一个自我，实际上就是一个更高的自我，同等重要的是你对这个自我的态度。

内心不受约束，以独处构建属于心灵上的"世外桃源"，保持洒脱与自在的人，才能真正享受孤独。就像贝多芬说的——"当我最孤独的时候，也是我最不孤独的时候。"雄鹰，在空中翱翔，形单影只，以为它是孤独的，但其实，它并不觉得，因为它拥有着整个蓝天。

勇敢地向嫉妒"断舍离"

英国大哲学家培根说:"嫉妒这恶魔总是在暗地里悄悄地毁掉人间的好东西。"《圣经》则把嫉妒称作"凶眼",意思是,嫉妒能把凶险和灾难投射到它的眼光所到之处。所以,要想做快乐幸福的人,一定要尽量避免嫉妒。

1

罗贯中写的《三国演义》是四大名著之一,书中描写了吴国大将周瑜,年轻有为。孙策在临死之前,嘱咐孙权:"外事不决问周瑜,内事不决问张昭。"由此可见周瑜在吴国的重要地位。

尽管周瑜有雄才大略,但因为不能控制自己,最后因为嫉妒诸葛亮的才智,导致了最后的悲剧。有好几次,周瑜都想要谋害诸葛亮,但都被聪明的诸葛亮用智慧化解。每一次谋害的失败,都导致周瑜对诸葛亮的嫉妒加重。

书里,诸葛亮通过借荆州、帮刘备娶孙夫人、识破周瑜夺荆州的计谋,三气周瑜,直接导致周瑜旧伤复发而亡。

周瑜原本应该是吴国支柱,最后只能在死前长叹:"既生瑜,何生亮!"

每个人都很熟悉"既生瑜,何生亮"这句话,撇开三国的真实历史不谈,通过《三国演义》当中的这段故事,我们或许能够得到一些生活的启迪——嫉妒是一种极为消极的负面情绪,是一种需要断、舍、离的负面能量。

如果周瑜没有盲目地嫉妒诸葛亮,数次谋害他,而是把目光放远一些,辅助吴国强大,他也不至于旧伤复发,英年早逝吧?一位拥有如此才华的大将,却饱受嫉妒的折磨,临死之前依旧念念不忘心中的妒忌,颇为无奈,却也叫人深思。

只有勇敢地向嫉妒断、舍、离,才能保持内心的平和,从而获得与他人相处的最佳心态,获得安宁和幸福。如果你继续任由嫉妒滋长,它将会成长为具有攻击性的负面心理情绪。

2

王伟是公司里最帅的男士,也是公司业绩最高的人,他总是很受同事和老板的欢迎,而他也沉醉于这种状态中。前不久,公司来了位新同事李林,李林似乎拥有了所有男士想拥有的一切,他有迷人的外表、令人信服的个性、多金,还有一个贤惠的妻子以及可爱的孩子。

起初,王伟并不觉得对李林有特别的感觉,只是觉得有些羡慕而已，但随着李林成为了公司业绩最高的人之后，同事和老板的目光都从他身上转移到了李林身上，公司的同事们谈论的话题都是李林，老板每次开会都点名表扬李林。

久而久之，王伟对李林的羡慕变成了嫉妒。虽然王伟不停地否认他的感受，否认自己嫉妒李林，但是，不可否认的是，自从他的情绪发生转变之后，与妻子之间的摩擦更多了，呵斥孩子也更频繁了，已经严重影响到了他的生活。而在工作中，王伟也一改往日的温和作风，待人处事都变得冷冰冰的，同事们每次见到王伟，也不再像往日一样和他嬉笑打闹，而是变得越来越沉默。

王伟变得越来越孤单，直到一次会议，当李林在会上向同事们解释为什么要对销售的产品重新定位的时候，王伟对李林进行了语言攻击。同事们对于王伟的所作所为很不理解，几乎都站到了李林这一边，斥责王伟。王伟与同事们的关系瞬间降到了冰点，直到这时，王伟才真正地意识到自己需要做点什么来消除嫉妒心了。

王伟全力找出引起嫉妒的原因，他腾出一些时间冷静下来，感知自己的感觉并标注出来。然后，他问了自己一些问题，如"最糟糕的部分是什么？"和"这个感觉让我想起了什么？"王伟反思着自己近期的所作所为，意识到了自己的嫉妒心对人际关系造成了如此严重的影响。在了解了这些之后，王伟郑重地对李林道了歉，向他坦诚了自己的过失。

李林原谅了王伟,并且与王伟成了好友,王伟回到了平常心的态度,性格也逐渐变得开朗了起来,与同事们之间的关系也逐渐缓和。

3

嫉妒和羡慕只有一念之差,却有着天壤之别。嫉妒的人常常是在打击别人的过程中寻求心理平衡,而他们自己的生活却搞得一团糟。

嫉妒心往往会蒙蔽人的心智,让人做出失去理智的事情,嫉妒心也会严重影响我们的人际关系。哲人说:"嫉妒就是拿别人的优点来折磨自己。"现实生活中,比我们优越的人比比皆是,我们可能会嫉妒他人的美貌、成绩、幸福的家庭……因为自己没有,或者拥有的东西不能使自己满意,只好去嫉妒别人。

其实嫉妒的存在很普遍,甚至是不可避免的。不过,有的人会把这种情绪转化为羡慕或敬佩等积极情绪,有的人却任由它在心中往敌视等消极情绪发展。

当一个人被嫉妒蒙蔽了双眼,就会看不到现实状况,一味沉浸在攀比的情绪当中,郁郁寡欢,得不偿失。与其嫉妒别人所拥有的东西,不如去寻找自己嫉妒别人的原因是什么。嫉妒,也就是对他人的优越的一种敌意,试想想,为什么他会比你优越?优越在哪些地方?

如果他的确比你厉害,你不妨把嫉妒转化成前进的动力,以他为目标,加把劲赶上去,力争上游。他能做到的事情,相信你也能做到。掌握好嫉妒的限度,嫉妒也能成为一个督促你成功的契机。

对于比你强大的人,你可以单纯地羡慕和崇拜,也可以抱一种"我一定会比你强,我一定能超过你"的想法,这两种想法都可以,而不应该只限于"你凭什么比我好"的恶劣思想中。

人生若跌入谷底,剩下的便只有往上爬

人生是一条单行道,假如你在一个地方摔倒了,那么,与其回忆这个地方带给自己的伤痛,还不如想想在接下来的路上,怎么样才能避免类似的事情发生且走得更好更顺利。你要相信,经历过失败的你,比任何时候都强大,失败不会将你打倒,未来更不会!

1

海明威在《老人与海》里写道:"我可以被毁灭,却不能被打倒。"这与我们在日常生活中说的"我允许自己失败,但不

允许自己停步"是一样的道理。

在现实生活中,很多人都喜欢享受成功的喜悦,摘取收获的果实,却对失败嗤之以鼻,甚至不能接受失败的事实,承受不了打击。

人生的道路漫长且坎坷,如果因为经历一次失败就失意,经历两次失败就失志,经历三次失败就彻底放弃,一蹶不振,这只会让你在消沉的泥沼里越陷越深,难以冲出自设的牢笼。

要知道,失败并不要紧,一次两次或者很多次都无关紧要,重要的是,不要被失败打倒。失败了,并不意味着就是失败者,因为失败是对漫长奋斗过程中的某一个环节的评价,而失败者却是对一个人的一生盖棺定论。

失败后,再站起来,就能重新获得希望;而一旦成了失败者,一生便是如此,再也没有了希望。因此,一个人屡战屡败,并不表示他就是个失败者,只要斗志还在,他就不是一个失败者。

2

一个下雨天,古代欧洲的苏格兰的国王罗伯特·布鲁斯躺在柴草床上,朝房顶看,有一只蜘蛛正在结网。他一时兴起,想要看看蜘蛛如何克服困难应对挫折,于是他起身把蜘蛛马上就要完成的网捅破了。不过,蜘蛛并不在意,继续勤勤恳恳地工作,把破了的网修修补补,又重新开始。

眼看着蜘蛛的网又要结好, 罗伯特·布鲁斯又把它捅破了,这一次,蜘蛛换了一个地方,开始结新的网。连续四次,蜘蛛都坚持不懈地结新的网。罗伯特·布鲁斯感到很震惊,因为,在他统治苏格兰期间,英格兰国王向他发起战争,带着大队人马入侵苏格兰,企图占领土地、臣服苏格兰的国民,罗伯特·布鲁斯一场接一场地打仗, 但由于领导不当以及各个方面的原因,六次作战均以失败告终。

他很伤心,军队溃不成兵,自己的信心也消失了,他想要放弃了,但看到蜘蛛坚持不懈地织网,他不禁想:"我被英格兰打败了六次,内心满是失望与悲哀,我准备放弃战争了。那如果我把蜘蛛的网破坏六次,它会放弃它的结网工作吗?"

罗伯特·布鲁斯又破坏了两次蜘蛛的网, 但出乎他的意料,蜘蛛并没有放弃,而是又移动了一个位置,开始第七次织网,罗伯特·布鲁斯不再捅破它,眼看着蜘蛛把网结好后,兴奋地大叫:"我也要去打第七次仗。"

罗伯特·布鲁斯鼓起了勇气,招集了一支军队,把蜘蛛结网的故事讲给那些已经精疲力竭的战士们听,最后,他们决心再做一次努力,把英格兰赶出这片土地。最后,他们真的成功了,第七次的战争终于成功了。

3

尽管失败与痛苦形影不离,但遭遇失败,接受痛苦,其实并没什么大不了的,只要我们保持乐观积极的心态,从失败中吸取经验和教训,不断地提醒自己,同样的错误不要再犯。这般,我们就能一步一步走出失败的阴影,收获成功的果实。

失败并不是什么可耻的事情,没有什么不能面对的。

世上没有标准意义上的成功,也没有完全意义上的失败。就算真失败了,也不要紧,从哲学意义上说,失败者反倒是一种光荣,因为失败者至少尝试过,因此,跌倒了,爬起来就是了,难道还要躺在那儿欣赏自己砸的那个坑?

人生之光荣,不在永不失败,而在能够"屡败屡起"。每一次跌倒之后都能拍拍屁股站起来的人,每一次跌落之后都能像皮球一样反弹从而弹得更高的人,无所畏惧,不怕失败。

人生的道路没有尽头,过去的梦已经过去,不要再留恋,把未来的命运紧紧抓在自己的手中,这般,在艰难前行的途中,才能拥有希望,拥抱成功。

把"不生气"当成是自己的习惯

我们在日常生活中听到的那一句——"你把我的心情弄坏了",其实是有误区的。因为没有你自己的允许,任何人都不能够影响你自己的情绪。

1

如果身边的一个朋友问你:"今天,你会快乐吗?"相信你在听到这个问题时,心中的反应是,今天还没有过完呢,我又不知道会发生什么事,所以你很可能回答:"看情况吧。"

但是,你需要看什么状况呢? 看今天是不是会遇到自己喜欢的人?看今天是不是会遇到自己满意的事?所以,是今天发生的事情,决定了你今天的心情?

一个真正的情商高手,在面对这个问题时,会毫不犹豫地回答:"当然会,我今天会快乐。"这份坚定,来自他们对情绪的掌握,因为世界上只有我们自己才能对自己的情绪负责。

有人会质疑地问："这听起来太不可思议了,心情怎么会跟别人无关呢?要不是他老对我无故大吼,我怎么会伤心?要不是客户无理取闹,我怎么会生气?"

人类各种各样的心情,都与别人如何看待我们有着莫大的关系。

先举个简单的例子吧。

如果你在路上随便拉一个人,请他站着,然后找一群人在他旁边,提议说,希望大家在30秒之内,想出办法刺激这个人,让他生气。

不一会儿,一群人就想出了很多方法——骂他神经病、故意打他一下……

但是,这个人下定决心,对自己说:"无论他们做什么,我都不生气!"果然,没有一个人能惹怒他。

情绪只掌握在自己的手中,只有自己需要为自己的情绪负责。你决定不让自己生气,无论别人说了什么做了什么,也不会气到你。

2

很多人对于坏情绪的理解,可能有点狭隘,它不仅仅包括我们在日常生活经常会遇到的愤怒、难过等,还包括颓废、担心,甚至患得患失、瞻前顾后等,都会成为成功路上的一些障碍。

意识到情绪的存在,是积极把握情绪的第一步。当我们发现了这些问题的存在时,首先应该控制自己的情绪,整理一下自己的思绪,并通过观察对方的肢体语言,从中得到对方的情绪信息,关注对方的情绪变化。

如果你已经有了情绪,没有办法做出理智判断的时候,可以观察自己的肢体变化,从而得出结论。

比如,我的腿是不是在发抖?我说话的音量是不是变高了?我手心是不是出汗了?我的肠胃是不是感到不舒服?这些看似微不足道的小动作,其实已经在传达情绪了。一旦注意到了这些微小的变化,察觉自己的情绪也就容易多了。

这种认知需要培养,次数多了,你就会越来越了解自己的身体反应,察觉情绪的存在也就越容易。在不同的场合,在不同程度的压力下,你需要有意识地进行练习。和同学吃饭,和客户谈合作,自己看一场悲剧电影……都能培养你对情绪的把控。

了解对方的感受越多,就越能避免伤人话语或行为带来敌对情绪的强化,避免做出有害无益的举动。总的来说,在触及问题的本质之前,有必要先观察一下对方的情绪状况。经过细心观察,多加体会,你就能敏锐地察觉出那些情绪带来的细微变化。

3

对自己的情绪有了认知,只是控制行为的第一步。很多时候,当情绪一来,我们还来不及认知,就已经先行动了。

根据生物学家和心理学家的说法,当一个人遇到一件事情,最先产生的是本能和感性反应,过了一会儿,大脑才会变得理智,逐渐控制低层次的本能反应。如果当时的环境特别险恶,会导致理性思维出现"短路",使你贸然行事。

小的时候,我们常常会这样感情用事,比如,歇斯底里、大喊大叫、摔门……但,长大后,我们就要用良好的习惯代替一时的冲动。那些情绪化的坏习惯必须戒除。

请把"不生气"当成是自己的习惯吧!如果"不生气"这种"习惯"你不熟悉,那么就多做几次。每一个习惯的养成,都来自动作的积累,大脑神经不断地重复着指令,做的次数越多,你大脑里的记忆也就越深刻,你的反应也就越熟练,自然不会那么轻易地生气。

活在当下，世界就简单

　　曾有人问弘一法师："什么是活在当下？"弘一法师回答说："吃饭就是吃饭，睡觉就是睡觉，这就叫活在当下。"仔细想来，人生最重要的事情不就是我们现在做的事情吗？最重要的人不就是现在和我们在一起的人吗？而人生最重要的时间不就是现在吗？

1

　　从前，山上有一座寺庙，寺庙里住着一位师父和一位小和尚，寺庙里有一个院子，院子里有一片地。

　　秋天来了，院子里的地变得枯黄一片，小和尚对师父说："这片土地黄了真难看，师父，我们赶快撒一点种子吧。"

　　师父淡淡地说："没事，不着急。撒种子要随时。"

　　小和尚找到了一些种子，急急忙忙要去撒播，不料，一阵风吹了过来，种子还没有撒到地上，就被风吹走了不少，小和尚心急地说："师父，种子被风吹走了，多可惜。"

师父淡淡地说:"别担心。没关系的,能被风吹走的种子大部分是空的,就算种下去也不会发芽,播种要随性。"

好不容易把种子撒下了,这时候,天空飞来几只小鸟,到土里找食,小和尚急忙赶走小鸟,向师父抱怨:"师父,院子里有鸟要吃种子,有不少被吃了,真可惜。"

师父淡淡地说:"没关系。留在土地里的种子还多着呢,随缘吧。"

没过几天,下了一场大雨,小和尚站在屋檐底下,委屈地哭了:"师父,这下子,剩下的种子都被雨水冲走了。"

师父淡淡地回答:"没关系,冲走就冲走吧。不管冲到哪里,都是发芽,随缘吧。"

过了一个星期,那片枯黄的土地上长出了新芽,小和尚特别高兴:"师父,你快看,种子发芽了。"

师父依旧淡淡地说:"随喜随喜。"

有句名言说:"人到无求品自高。"崇高的境界和平静的心态都是"无求",就像这位老师父一样,用一个"随"字,概括了人生各种状态下的平常心,对所得所失、所喜所悲都完全看淡,就好似尘世荣华,了然于心。

2

从前,寺庙里住着好多个和尚,每个小和尚都有自己的工作。其中有一个小和尚,每天的工作是早晨起床,清扫院子当中的落叶。

秋天的风很大,树叶总是飘落一地。每天,小和尚都要花很多的时间和精力才能把树叶扫完,这让他非常头痛,他一直在想一个办法让自己可以轻松一点。

后来,与他同住的一个小和尚给他提了一个建议:"你今天拼命地摇那几棵树,把明天会掉的叶子都摇下来,今天扫干净,明天就不用扫了。"小和尚一听,觉得是个好办法,于是他拼命地摇树,用尽全力,这样他明天就不用早起扫落叶了。

第二天, 小和尚睡了个好觉, 他觉得自己不用扫树叶了。可是,他到院子里一看,傻眼了:跟往常一样,院子里落叶满地。

师父走了过来,意味深长地说:"不管你今天怎么用力地摇,明天要落的树叶明天还是会落。"小和尚这才明白,世界上很多事情是不能够被提前预支的,快乐也好,痛苦也罢,只有踏踏实实地活在当下,才是最真实的人生态度。

明天会掉下多少落叶,我们并不知道。所以,为什么要在今天打扫完明天的落叶呢?再勤奋再高效率的人也不能够在今天处理完明天的事情。所以,活在当下吧,明天的烦恼就留在明天,不要提前预支。

过去的烦恼已经过去了,未来的烦恼还没有到来,顺其自然,把全部的时间和精力都用来活在当下。

3

在生活当中,我们必须诚实地面对现实,接受已经发生的事,适应它,并且忘记它,轻装上阵。明智的人永远不会坐在那里为他们的损失而悲伤,却会很高兴地去找出办法来弥补他们的创伤。

有一个佛家的故事,说的是一位老师父带着两个小徒弟,提着一盏灯笼走夜路。一阵风吹来,灯笼被吹灭了,小徒弟担心地问:"师父,这会儿怎么办?"师父淡淡地说:"看脚下。"

是啊,我们难免会在人生路上陷入黑暗,摸不着前面的路,也看不见后面的路,这时候,我们要做的就是看脚下——那些懂得"路在脚下"的人,往往能够踏踏实实地走好每一步。

请不必烦恼,是你的想跑也跑不了,不必苦恼;不是你的想得也得不到。活在当下,你的心简单了,世界也就简单了。

每一种创伤，都是一种成熟

错过了爱情，我们学会了爱；错过了成功，我们学会了拼搏；因为错过，我们学会了珍惜；因为遗憾，我们学会了抓住机遇……每一种创伤，都是一种成熟。

1

因为船只失事，有两个渔民被迫流落到一座荒岛上。甲渔民一上岸就愁眉苦脸的，四处转悠，担心荒岛上没有可以吃的食物，也没有可以睡觉的地方，但乙渔民完全不同，他一上岸就觉得自己马上要开启一段新的生活。

他们在荒岛上找到了一个小山洞，乙渔民开心极了，晚上有地方能睡觉了，而甲渔民可不这么想，他担心半夜会有怪兽来袭。在荒岛上的第一个晚上甲渔民辗转反侧，不知道明天该如何度过，而乙渔民却睡了一个好觉。

第二天，他们在荒岛上意外发现一袋粮食，乙渔民就更高兴了，这几天的粮食都不用发愁了，但甲渔民可不这么想，他觉得有了粮食没用，不知道能不能煮成熟饭，万一煮出来不能吃怎么办。每吃完一顿饭，甲渔民总是叹气："万一粮食被吃完了，可怎么办啊？"乙渔民却不以为意："又过去了一天。"

粮食一天天地减少，终于被吃完了。

幸好荒岛上有些果树，两个渔民摘了一些水果，乙渔民还是很开心："运气真好，我们还能吃到水果。"甲渔民却哭丧着脸："不知道还能不能活下去，只能靠吃野果度日，不知道能活多久。"

终于，野果也吃完了，他们再也找不到其他可以吃的东西，每天都在挨饿。为了保持体力，他们每天都躺在洞里休息。甲渔民绝望地说："我可以感觉到死亡离我们越来越近了。"乙渔民笑着说："想不到我这一生，还能够什么也不做就能好好睡一觉。"

最后，两个渔民都坚持不住了。甲渔民说："万一我死了，去了地狱可怎么办？"乙渔民说："我终于没了所有烦恼，去天堂了。"两个渔民死了，但甲渔民满脸悲伤，乙渔民却满面笑意。

2

我们对已经发生的事，看开一点。事情已经发生了，别遗憾，坦然一些才能够体会美好。天有不测风云，人有旦夕祸福。我们虽然没有办法改变那些不可预料的降临到我们身上的苦难，但我们可以去承受这一切。

有一位油漆匠，这一天，他去到一户人家粉刷墙壁。这户人家，有一位老爷爷和老奶奶。他走进门的时候，就发现老爷爷双目失明，但他个性开朗，性格乐观，每天都跟老奶奶说说笑笑的，时不时还拿油漆匠开玩笑。

有一天，油漆匠忍不住，问："您为什么每天都这么开心？"

"为什么不呢？我有一个健康的身体，我的妻子很爱我。的确，我在事故中失去了眼睛，看不见阳光和鲜花，但是我能感受，闻得到鲜花的香味，感受得到阳光的温度。比起那些瘫痪在床，或者没有美满家庭的人，我觉得自己特别幸运。"

油漆匠听了之后，十分震撼，也觉得很感动。

一个星期之后，粉刷工作结束了，老奶奶发现油漆匠收的钱比原先谈的价格少了很多，她好奇地问："你是不是少算了钱？"

油漆匠笑着说："在你家工作，我觉得很快乐。您丈夫的人生态度，给我很大的启发，他让我知道我的处境并不坏。所以，我觉得我需要为我学到的知识付一点钱，多亏了他，我以后的生活才会不那么辛苦。"

面对苦难，遗憾是不可避免的，但是继续被遗憾与烦躁的情绪笼罩着，还是努力恢复平静的心灵，都在我们自己。不去无谓地抱怨,不觉得可惜,不斤斤计较,不胡乱生气,生命中的快乐完全唾手可得。

3

没经历过病魔的打击,怎么会知道健康的难能可贵?没经历过分别的痛苦,怎么会有相聚时的喜悦?没经历过背叛的痛苦,怎么会有忠诚的可贵?没经历过失败的无奈,怎么会有成功的幸福?在纷杂的世界当中,拥有健康,与爱人相遇,彼此忠诚,永远幸福,不正是一种圆满吗?

世间最大的痛苦是自己看不开,让自己的心蒙尘受苦。"一朝被蛇咬,十年怕井绳。"当我们把心灵的大门关上之后,就会看不清眼前的一切,所以就会悲观,时常抱着焦虑的心态。有时候,换一个角度看问题,就会有两种结局。

遇到挫折与困难时,不要钻牛角尖,换个角度思考问题,看开一些,告诉自己人生没有过不去的坎。看开的时候,心灵的大门是打开的,能够看清眼前的一切,也就不怕了。

人生啊，要拿得起放得下

知足者常乐是人生的哲理，贪婪是人生的毒药，只要欲望没有尽头，生活就不会拥有快乐。珍惜当下所拥有的，你会慢慢发现，其实你是世界上最富有的人。

1

朋友早些年在家乡从事房地产工作，经过几年辛苦的打拼，他在家乡已经小有名气。他每天的生活都像是被上了发条似的，传真、方案以及各种资料塞满了他的生活。

有一天，他加班到凌晨，从公司走出来后，等了半天，也没有等到出租车。他想了想，边走边等。走了一会儿，感觉有点热了，停下来，解开衬衫的扣子，仰头呼了一口气。这时，他惊讶地发现，黑黑的天空中闪烁着几颗星星，这令他想起了毕业前的一个夜晚，他和几个好兄弟一块儿躺在操场上的草坪上，也是看着满天的星星，畅谈着未来的种种。那一晚，他觉得星星是那么美丽，他觉得自己的血脉中张扬着一种青春,未来的前途一片光明。

不过,毕业之后,他再也没有看过夜晚的星空,因为社会的潮流当中,不需要仰头看,只需要低着头弯着腰向前奔跑。目标在前方,他必须不断地奔跑,于是忙着扩大欲望,忙着赶路。

以往的这个时候, 他不是在大厦里加班做计划和方案,就是在酒店里和客户应酬吃饭, 他从未想过走到窗户旁边,看看天空,看看夜晚,甚至也从来没有听过自己内心的声音。

"在其连锁店中能提供给顾客的, 永远是17厘米厚的汉堡与4℃的可乐。根据研究人员研究发现,这是令客人感觉最佳的口感。当然,你也可以选择把汉堡做成20厘米厚,把可乐加热到10℃,但它们并不意味着最佳口感。"这时候,朋友突然想起从前在书里看过的这句话,感慨万千。

幸福很简单,17厘米和4℃,就足够了。

2

有位著名的心理学家说:"一个人体会幸福的感觉不仅与现实有关,还与自己的期望值紧密相连。如果期望值大于现实值,人们就会失望;反之,就会高兴。"没错,在相同的现实面前,由于大家的期望值不同,所以每个人的心情和体会也就不同。

小猫总喜欢追着自己的尾巴,对一只猫而言,世界上最美好的事情就是幸福。于是,它认为它的幸福就是自己的尾巴,所以它一直追逐尾巴,只要抓到了尾巴,它就觉得自己获得了幸福。

猫妈妈看到了这一幕,问:"你为什么追自己的尾巴呢?"

小猫说了自己的想法,猫妈妈笑了:"你和以前的我一样,我曾经认为我的尾巴就是我的幸福。不过,我现在发现,每次当我追逐自己的尾巴时,它总喜欢玩捉迷藏,躲着我,可当我做自己的事情的时候,它却一直陪着我。"

同样,人们在竞争激烈的社会当中,喜欢努力追求,积极谋求,我们认为这样能够得到幸福,但是,当我们费尽心思实现了自己制定的目标,又会觉得不满足,想要实现新的目标,从而产生新的烦恼。循环反复,无止无尽。

但是,我们苦苦追求的东西,很可能并不是我们需要的。

有时候,我们认为我们需要某些东西,千辛万苦的终于得到了,却发现这件东西并不能给我们的生活带来轻松和愉快,相反地,却给我们带来更多的负担,让我们身心疲惫。与其为其所累,还不如痛下决心,果断摆脱它。

哪怕我们拥有了全世界,一日也只有三餐,一晚也只能睡一张床。世界上美好的东西,多得数不过来,而人的欲望无尽,我们总希望能够得到更多的东西。可是有时候,想要的东西太多,反而是一种负担。

欲望越小,人生也就越幸福。拥有淡泊的心胸,才能让自己更充实更满足。

3

人到中年,总会陷入各种各样的迷茫之中。有一位中年人,觉得自己的生活特别沉重,生活压力特别大,无论是家庭还是事业,他一心想要找到解脱的办法,于是去找了一位禅师。

禅师想了想,递给中年人一个空篮子,让他背着,随后给他指了一条石子路,说:"前面这条路,石子很多。你每走一步,就弯下腰,捡一颗石子到篮子里。"

中间人照做了,等到篮子里装满了石子回到禅师面前,禅师笑了笑,问:"一路走来,有什么感受?"

"石头越多,越走越沉。"

禅师意味深长地说:"石子,代表着你在这个世界上捡到的东西。我们刚出生时,篮子是空的,但走得越多,篮子越沉。"

"禅师,你有什么方法帮我减轻负担吗?"

"丢掉一些石头。"

"我要丢掉哪一些呢?"

"你舍得丢下哪些?名声?财富?虚荣?权力?"

中年人不说话,禅师笑了笑,问:"每个人都有一个篮子,都是自己每走一步,捡起的东西,但有时候捡了太多,就不能承受,如果你不丢掉一些,你可能就走不下去了。"

中年人反问:"禅师,您这一路丢掉了哪些石子?又留下了哪些？"

禅师大笑："丢下身外之物，留下心灵之物。"

在这个浮躁的社会，我们无时无刻不受到来自外界的诱惑。尝过了名誉的好处，就会对名誉念念不忘；体会到了财富带来的快感，就会放不下金钱；体会到爱情的甜蜜，就会依恋爱情；事业上获得了成功，就会渴望保持事业的高度……

生命运行的过程，就是一个不断拿得起不断放得下的过程。"拿得起"，是要求我们拥有足够的能力，每个人都需要"拿起"一些东西，需要一些蛮力和热情；"放得下"，是要求我们在面临困难时，不气馁不堕落，能够甘于一时的平庸，能屈能伸。

其实，每个人都知道自己应该拿起什么，放下什么，只是我们在拿起和放下之间，犹豫不决，战战兢兢，最后，该拿的没有拿起，该放的没有放下。

"拿得起"需要勇气，"放得下"需要超脱；"拿得起"是一种博大精深的智慧，"放得下"是一种意味深长的哲学思想。很多人终其一生都无法参悟其中的道理。但，很多事实也证明，成功总是青睐于那些懂得适时放弃的人。

"风来疏竹，风过而竹不留声；雁渡寒潭，雁去而潭不留影。"当我们试着放下生活中一些不需要的东西，就会感觉心无挂碍，就会发现生命原来可以这般充实美好。

第六章

停下匆忙的脚步,等一等你的灵魂

　　人们总是在工作时一心想要休息,但真正休息下来时却又想着工作,结果当然是两败俱伤,既没有提高工作效率,又没能充分地休息,使自己更加愉快。

　　如果你也有同感,那么,也请放慢生活的脚步。

放慢脚步,拉长人生的旅途

现代人除了焦躁、孤独、寂寞,还常常被另一种"疾病"所折磨——疲劳综合征。身边的很多人经常抱怨说:"我实在太累了,每天最想做的事情就是睡觉。"可是,真的躺在床上,却又睡不着。

1

19岁那年,约翰·洛克菲勒开始与人合作,做农产品转售。因为精准的商业眼光和聪明的经商头脑,31岁那年,约翰·洛克菲勒创建了美国标准石油公司,那是世界上最庞大的垄断企业。从此之后,约翰·洛克菲勒每天的目标和任务,除了挣钱和攒钱,就没有其他事了。

50岁还没到,约翰·洛克菲勒就成了世界上最富有的人之一。可是,超越常人的财富却并没有令他感觉到快乐和幸福,尽管他每周赚到的钱有几万美金,可赚到钱,他最多跳一段舞庆祝庆祝,可是每次一赔钱,他就会大病一场。

有一次，约翰·洛克菲勒有一批货物在途经一条河的时候，遭遇了飓风，这笔货物价值四万美金，不过他并没有为此投保，所以他在办公室里日夜担心，怕货物受损，四万美金就泡汤了。第二天一大早，他立马找合伙人商量："现在投保还来得及吗？快去快去。"合伙人急忙跑去保险公司，费了很大的劲，才投了保。不过，当他回到办公室时，发现约翰·洛克菲勒的心情更差了。原来，约翰·洛克菲勒刚刚收到电报，货物没有受损，安全抵达，他觉得刚刚投保的150美金泡汤了。

约翰·洛克菲勒每天都在担心失去自己的财富，除了赚钱，以及在教主日祷告自己赚钱，他没有时间做任何事情，连休息都是奢侈。生活充满了各种压力，导致他的健康也被"连累"了。没过几年，他就被诊断出患了消化系统疾病，头发不断地脱落，连睫毛也掉了。即使最权威的医生，也对他的疾病无能为力。

据说，在他53岁时，看起来像是个僵硬的木乃伊，年少时体魄强健的约翰·洛克菲勒已经不见了，只剩下一个肩膀下垂、步履蹒跚的"老人"。

更不幸的是，身体的不健康，也导致他的性格不讨喜。他为钱疯狂，亲人不爱他，下属不尊重他，合伙人不同情他，对手憎恨他。57岁那年，医生警告他："如果你不想在60岁之前死去，请不要再因为赚钱而紧张、忧虑了。你如果还想活着，以后每天你只能喝酸奶，吃饼干。"

可笑的是，这个世界上最富有的人之一，一周能吃的食物价值不到两美元。

哲学家史威夫特说过："金钱就是自由，但是大量的财富却是桎梏。"约翰·洛克菲勒终于体会到这句话的意义，于是他不再疯狂地挣钱了，而是开始学园艺，打高尔夫球，与邻居聊天，并开始为别人着想，赞助各种医学实验，思考如何用钱去为他人造福。

当他把财富都散出去的时候，他突然发现，"花钱"竟然比"赚钱"还要快乐，健康的身体比用不尽的财富更重要，他也终于感受到了幸福。于是，这个53岁那年差点死了的人，最后活了98岁。

2

的确，沉重的生活压力和快速的工作节奏，令许多人长期处于"过劳"状态。即使精神和身体发出抗议，也没有时间和机会让自己好好休息一下。

还有许多人更是认为年轻的身体就是上帝赐予的本钱，是获取金钱、赢得地位的工具。但是，疲劳带给你们的只是更多无法弥补的伤害。据医学调查发现：疲劳不仅容易让人产生忧虑感、自卑感，还会降低人体的免疫机能，从而罹患各种疾病。如果一个人长时间处在疲劳之中，他的身心健康便会受到极其消极的影响。所以，朋友们一定要注意休息，远离

"疲劳综合征"。

无论一架机器多么精良，如果不按时加油保养，机器都有毁坏的危险；无论一块手表多么精准，如果始终将发条上得十足，表将不会使用很久。擅长驾驶的人，永远不会把车开得过快；精于弹琴的人永远不会把琴弦绷得过紧。人也是如此，如果一个人整天忙于学习和工作，劳累过度，等到支撑不住时才肯罢手，那么他可能从此一蹶不振，再也无法恢复往日的健康了。

一个人倘若能够赢得全世界却输了自己还有什么意义？生活中的很多物质不是我们用生命能够换来的，人的贪欲就像无底洞，永远都填不平。当然倘若将身外之物看得很重，那么仅有财富却轻视生命的人生是空虚的。贪婪的生活节奏是很快的，它会带人走进十足压抑的环境。它慢慢地侵蚀你的生命，让生命一点点的透支，当你想要放下这一切的时候却发现，自己已经被掏空了。任何财富都没有生命有价值，因为有了生命才可以创造无限的财富，有了无限的财富却没有生命，你要如何享受自己的财富呢？

无论多忙也别忘了运动

法国有一位著名的医学家说："运动的作用可以代替药物，但是所有药物都不能代替运动。"健康是幸福的主要因素，锻炼是健康的重要保证。在这个世界上，没有比结实的肌肉和健康的皮肤更美丽的衣裳。

1

小强在社会上打拼了几年，感觉自己的体质越来越差。无论哪个同事感冒了，他总是公司里面第一个被传染的，而且通常大病、小病都不落下。小强的身体素质和他的名字正好相反，不仅不强，而且还很弱。每天上班就在办公室里面坐一天，下班坐车回去，上楼坐电梯，回到家躺在沙发上看报纸，或者坐在沙发上看电脑，晚一些就睡觉了。循环往复，一直不变。

小强没有感觉到工作繁重，但是尽管如此，自己还是感觉劳累不堪。有的时候偶尔爬个楼梯，才到二楼腿就酸得发抖了。小强一直觉得自己没有时间锻炼，而且也不知道缺乏锻炼会有什么样的后果。

有一次，公司举行一次全员越野大赛，前三名都有丰厚的奖金，但是能够坚持下来，没有中途退缩的，公司也会给予奖励。起跑的时候，小强一直在心里面暗暗地为自己打气，因为坚持下来的奖金也很丰厚，自己也不想被同事们笑话，因为没有人在中途就退场的。

跑了一段后，小强感觉到一阵眩晕，还有呕吐的感觉，另外自己的胸口也是火辣辣地痛。再坚持跑了一小段之后，他眼前一黑，晕倒在了路上。小强被送到了医院，医生的诊断结果是，没有充分的训练和锻炼，他的大脑出现了缺氧现象。

康复后的小强开始每天走路上班，坚持每天都爬楼梯，能站着动一动，坚决不坐着静下来。周末的时候再也不待在家里上网了，而是选择出门到外面跑步或者去健身房，开始进行体育锻炼。这样坚持了一年以后，小强不仅有了健壮的肌肉，而且很少生病了。

2

35岁的章先生是一家外企的行政人员，他的工作离不开电脑，因此常常在电脑前一坐就是一整天。从常理来看，人到了三十几岁的年纪，大多数人都会出现小肚腩或其他各种各样的身体状况，但这些问题似乎从来不曾找上章先生。

有一天,公司的电梯出了故障,大家上下班的时候不得不爬楼梯。公司在20层楼,同事们从1楼爬上来以后个个气喘如牛、大汗淋漓,而章先生却依旧神清气爽,就像是爬了几层楼那样简单。大家好奇地询问他为什么身体这么好,章先生笑着说:"没什么,只是我平时总是坚持运动罢了。"章先生告诉同事们,每天下班后,他都会跑跑步、打打球;每天上下班都坚持爬楼梯;周末的时候他还会去爬山、骑自行车郊游。所以,尽管自己的工作压力很大,却精力充沛、活力无限。

可见,通过适当的运动,人可以变得更加精力充沛、自信乐观、朝气蓬勃!适量的运动是保证人体正常的新陈代谢的重要因素。《吕氏春秋·尽数》中说:"流水不腐,户枢不蠹,动也。"而华佗则更进一步指出:"人体欲得劳动,但不当使极尔。动摇则谷气得消,血脉流通,病不得生,譬犹户枢不朽也。"这些都表明了运动的重要意义。

大量的相关研究也表明,任何形式的适量运动,比如,旅游、种草栽花、较长距离的散步等都能够有效改善人的身心健康。医学专家也认为,运动可以减少很多人都会出现的忧郁情绪,提高人们的生活、工作热情,从而改善人们的生活质量、提高工作效率。

3

无论自己平时的工作多么繁忙，至少你应该拿出一部分的时间去锻炼。你或许不需要拥有像施瓦辛格或者阿兰·德龙那样强健的身体，但你至少要有一项好的习惯，比如走路上班、爬爬楼梯等等，或者有一项体育运动的爱好——这也是很好的一个社交工具。

如果一个人说自己没有时间和精力去运动，其实就只能归咎一个字：那就是"懒"。生命的意义在于运动，不仅能够强健身体，还能够陶冶性情、磨炼意志、一举多得，总之，运动的好处多多。无论你是否喜欢运动，你都应该定时定期运动，没有时间锻炼身体的人，早晚会被繁重的劳动累垮。我们往往看到电视中那些运动员强壮的身体和充沛的精力，他们生龙活虎的生活状态正是经常进行体育锻炼的原因。

总而言之，缺乏运动对人们的健康状况的影响是显而易见的。用美国一位运动生理学家的话总结："缺乏运动才是真正的慢性自杀，它给人们造成的危害不亚于酒精和尼古丁。"

慢慢走，欣赏啊！

阿尔卑斯山谷中有一条大路，两旁景物极美，路上插着一个标语劝告游人说："慢慢走，欣赏啊！"生活中多的是走马观花，在这个车水马龙的世界，很多人都是匆匆路过，可，人生就是一场旅途，与其低头匆忙赶路，不如慢慢走，欣赏啊！

1

网络上有这么一个流行的段子。

有一天，一个平日里工作特别繁忙的人遇到了上帝，上帝派给他一个任务，让他牵着蜗牛去散步，而且无论如何都不能放开它。

这个人接下了任务，带着蜗牛去散步，他平日里走得很快，但他牵着蜗牛走得很慢，因为蜗牛每次都只能往前挪一点点，他只好不停地催促蜗牛，大声地责备它、呵斥它，甚至使劲拉它、踢它。蜗牛受了伤，喘着气往前爬，可还是慢吞吞的，每次只能往前挪一点点。

这个人就想，上帝为什么要让他牵着蜗牛去散步呢？这对他和蜗牛来说，都是一种折磨。想到这，他不禁仰天长啸："为什么啊？上帝！"

没有人回答他，他只好牵着蜗牛继续往前走，一边走一边生气，但突然间，一阵微风吹来，他闻到了一阵花香，他这才发现这里是一个花园，他感觉到了风的温柔，听到了鸟和虫的鸣叫，头顶上是一片星空。

"为什么我之前没有这些体会呢？"这个人低头看了看蜗牛，突然发现，蜗牛是带着他在散步。

2

从前，有一个年轻人，觉得自己非常成功，就跑去一个岛上旅游。玩着玩着，他不小心把眼镜摔破了，原本的行程不得不中断，他在路边叫了一辆出租车，想找个地方修好眼镜。上车后，他急忙问司机哪里可以修眼镜。司机抱歉地笑了笑，说岛上没有可以修眼镜的地方，必须出岛。年轻人叹了一口气："这里真是不方便。"

司机笑了笑，说："这里几乎没有人近视，所以不会觉得不方便。"闲聊了一会儿，年轻人对司机产生了好感，希望第二天能包车，开到岛外修眼镜，刚好也能欣赏欣赏沿途的景色。

司机想了一会儿，答应了。第二天，他们8点出发，很快就到了岛外,逛了一上午之后,就觉得有点累了,想要回酒店了。不过,他想到司机为了这笔生意,推掉了其他的计划,又觉得不好意思,但他想了半天,下定决心向司机开口了:"不好意思,如果我临时决定只包半天,您是否会不方便?"

"当然不会,其实昨天你说要包一天的车,我就很犹豫。如果不是和您聊得来,我是不会接受全天包车的。"司机非常高兴地说。

"为什么?"年轻人好奇地问。

司机笑着解释:"因为我为自己设定过目标,每天只要赚了600块钱,就立刻收工。你昨天花了1200块钱包了我一整天,这可是我两天的工作量呢。我不希望因为赚钱,而失去属于自己的时间。"

年轻人建议:"你可以明天休息一天,这样也是一样的。"

司机用力地摇摇头说:"不行。如果一次这样,就会有第二次第三次。明天想着休息一天,慢慢地,可能就会变成工作一周,工作一个月再休息,慢慢到最后,可能就是做一年才休息。到最后,可能一辈子都不能休息了。"

年轻人若有所思地点点头,又问:"闲下来的话,你都做什么呢?有这么多的时间,你不会觉得空虚和无聊吗?"

司机大笑,说:"怎么会呢?岛上好玩的事情可多了,一点儿都不无聊。平时的时候,斗斗鸡,陪孩子放放风筝,或者打打排球,游游泳,这些都会让我的生活更轻松更快乐。"

听到这里，年轻人不禁回想起自己的生活，除了没日没夜地工作、加班、赚钱，他好像从来没有享受过休闲的生活。他每天想的是，等我赚够了钱就去享受就去旅行，但是钱似乎总是不够，享受的时间一天天地往后推。房子已经越来越大，为了还日益增加的利息，他不得不花更多的时间在工作上，有家都回不去……

3

仔细想来，人生苦短，岁月无情。人生前十几年幼小，后十几年衰老，中间几十年忙于学习、奔波和工作。而无论是上学还是工作，更多的是出于一种身不由己的选择，因为上学是成长的需要，工作是生计的需要。真正算来，属于自己的时间又有多少呢？

记得有一位法国作家说过这样一句话："上帝把幼小的我们送给了父母，把青年时的我们送给了社会，把中年时的我们送给了家庭，到了老年，他终于慈悲地把我们还给了自己。"如果，我们听从上帝的安排，在年老时才能够拥有自己的时间，那么人生是不是未免太悲哀了呢？

所以，为自己留一点闲暇时间，无疑是一种明智之举。这点时间，我们不要思考，更不要忧愁，尽情地享受生活的愉悦。

人间有味是清欢

当下社会,生活节奏变得越来越快,竞争也越来越激烈,为了赢得一席之地,每个人都变得压抑,失去了自己的时间和空间。

时时刻刻忙碌的假象,掩盖了我们害怕寂寞害怕无聊的事实,因此,我们失去了独立思考的时间,也无法享受到清闲的趣味。

1

爱琳·詹姆丝曾经是美国倡导简单生活的专家。在此之前,她是一个作家、一个投资人和一个地产投资顾问,她在努力奋斗了十几年后,有一天,她坐在自己的办公桌前,呆呆地望着写满密密麻麻事宜的日程安排表。突然,她意识到自己再也无法忍受下去了。自己的生活已经变得太复杂了,用这么多乱七八糟的东西来塞满自己清醒的每一分钟,这简直就是一种疯狂愚蠢的生活。就在这时,她作出了一个决定:她要开始摒弃那些无谓的忙碌，多给自己的心灵一点时间。

于是，她开始着手列出一个清单，把需要从她的生活中删除的事情都罗列出来。然后，她采取了一系列"大胆"的行动。她取消了所有的电话预约，她取消了预订的杂志，并把堆积在桌子上的所有读过、没有读过的杂志全部清除掉。她注销了一些信用卡，以减少每个月收到的账单函件。通过改变日常生活和工作习惯，使得她的房间和庭院的草坪变得更加整洁。她的清单总共包括80多项内容。

爱琳·詹姆丝说："我们的生活已经变得太复杂了，从来没有一个时代的人像我们今天这个时代拥有如此多的东西。这些年来，我们一直被诱导着，使得我们误认为我们能够拥有一切东西，我们已经使得自己对尝试新东西都感到厌倦了。许多人认为，所有这些东西让我们沉溺其中并且心烦意乱，因为它们已经使得我们失去了创造力。"

2

受到生活习惯的影响，人的一天当中，有多少活动是我们勉强自己不得不去做的？我们经常会因为追求安适的生活习惯，从而在琐碎的日常生活中陷入浪费时间和精力的陷阱。实际上，扔掉那些程序化的活动，并不会让你不快乐。

我们通常会给自己的生活增加一些额外且不必要的工作，很多人，每一天都会有一张日程表，上面满满地记载着我们必须做的事情。这张表牢牢地禁锢住我们的注意力,从而霸占了我们全部的生活。可是,等到我们好不容易完成了日程表上的事,难得有了放松的时间,却又被电视剧、游戏等娱乐活动淹没……表面上,我们把自己塑造了成了一个积极向上、积极进取的人,但实际上,我们是为了能够不承担消极低沉、懒惰的缺点,从而为了忙碌而忙碌,把自己忙得团团转,从而让人生承担了不必要的负重,这是一种错误的心态。

正在忙碌的人,清醒清醒吧。仔细分析分析,你会发现有必要放下生命当中的一些东西。扔掉那些占用大量时间和精力的多余的东西,不要迷失方向,当我们把精力放在我们应该做的事情上,就会发现我们能够走得更远更好。

3

伟大的哲学家尼采曾经说:"所有的伟大思想都是在散步中产生的。"生活中一些不起眼的行为就能让你感到轻松舒适,散步就是其中最简单,也是最廉价的一种。

遇到烦心事,思绪混乱,面对工作的重压,感觉自己无力克服,这时候,不妨给自己创造一个安静的空间,独自冷静,或者去附近安静的公园逛一逛,看一看风景,又或者什么也不想,就随意地走走。这时候,你的心情会产生改变,你会突然发现原来天是那么蓝,云是那么白,这个世界是那么美丽。

还有,野炊野营,DIY手工艺,锻炼身体做做运动,种种花草，甚至读书、画画、写文章……这些活动看似简单，却十分有趣，能够让人感觉到快乐。所以，在空余时间，不如试着列一个表，把自己觉得好玩的娱乐项目都写下来，试着做一做。

放下那些无谓的忙碌吧，给自己的心放一个假。

放轻松，余生很长何必慌张

约翰·列侬曾说："当我们正在为生活疲于奔命的时候，生活已离我们而去。"岁月那么长，余生那么长，何必慌张？放轻松一点吧。

1

美国作家詹姆斯·道森写过一本书，叫作《假如赶快些》，里面有一个有趣的故事。

有一对父子，性格完全不同，父亲认为凡事不必着急，儿子则性子急躁，血气方刚。他们平时一起耕作一片土地，等粮食、蔬菜成熟了，就装上车，运到附近的镇子上去卖。

有一天,他们如往常一样,载满一车子的粮食、蔬菜,出发去镇上的集市。儿子想,走得快一点,傍晚就能到集市上,于是他一路不停地赶着牛,希望它走得快一点。

"儿子,放轻松。"父亲慢慢地说,"这样,你会活得久一点儿。"

"可是, 如果我们比别人先到集市, 就有机会卖个好价钱,也能卖得更多。"儿子反驳。

父亲摇了摇头,把帽子拉下来,在车上睡着了。儿子本来看牛走得很慢就已经不高兴了,看到父亲的态度就更加不高兴了。中午的时候,父亲醒了,在一个屋子前停了下来,笑着说:"这是你叔叔的家,我们进去坐一会儿吧。"

儿子摇摇头:"父亲,时间已经来不及了,如果我们再耽搁,天黑都不能到集市。"

父亲慢悠悠地说:"没关系的, 我和你叔叔关系特别好,这几年却很少有机会见面。这次好不容易有机会,见见吧。"

等到父亲和叔叔叙完旧,已经是下午了,儿子在外面又焦急又生气。下午,父亲驾车,儿子在一旁坐着,他看到父亲把牛车赶到右边的路上,立刻说:"左边的路更近。"

"我知道。"父亲说,"但右边的路景色更好。"

儿子生气地说:"可是时间已经来不及了。"

"没关系,把时间用在欣赏美丽的风景上,不算浪费。"

儿子一路上都在生气，内心十分郁闷，美丽的草地，清澈的河流，他都没有耐心观赏。时间果然来不及了，黄昏时分，他们才来到一个花园，父亲看着日落，闻着花香，听着水声，停下牛车，说："我们一块儿在这里过夜吧。"

"父亲，这大概是我最后一次跟您一起卖粮食和蔬菜了。因为对您来说，日落、流水和花香都比吃饱饭更重要。"儿子生气地说。

父亲笑了笑，不说话，开始睡觉，儿子瞪着天上的繁星，彻夜难眠。天刚亮，儿子就把父亲叫醒了，立马动身，路上，看到一头牛陷在沟里，一个农民试图把牛拉上来。

父亲停下来，说："我们去帮帮他吧。"

儿子无奈地摆摆手："去吧，反正时间已经浪费了。"

"儿子，有一天你也会掉进沟里的，有一天你也会需要别人帮助的。"父亲淡淡地说，下车去帮那个农民。儿子好像已经失去了生气的力气，在一旁静静地看着，等到再次上路的时候，天已经亮了。这时候，天上亮起一道闪电，突然响起一阵雷声，远处的天空变得一片黑暗。

父亲说："镇上好像要下雨了。"

儿子说："如果你肯走快一点，这个时候我们都已经把粮食和蔬菜卖完了。"

父亲又劝："放轻松，享受你的人生。"

下午，父子俩走到一座山上，俯视着城镇，两人站在那里,一言不发。过了好久,儿子对父亲说:"爸,我知道您的意思了。"

2

相信很多人都有过这样的经历,当面对工作上的难题百思不得其解时,或是被情绪的牢笼困在原地时,换个地方换个环境换个心情,经常会灵光乍现,找出解决的办法。最好的治疗方法就是在休闲中的沉思,因为它可以使我们的内心保持一份安宁与自由。正如亚里士多德所说:"万事万物环绕的中心只有休闲,它是产生哲学、艺术和科学的基本条件之一。"同时休闲也有助于我们舒缓压力,在休闲中,很多工作上的难题就会迎刃而解。

因此,休闲绝不是一种浪费时间、金钱甚至生命的活动。

在这个快节奏的时代,在这个竞争激烈的社会,我们每个人仿佛都戴着一个"紧箍咒",每天都有一个声音在大脑中盘旋:"快快快,再加把劲,再努力努力。"我们被一个又一个目标逼迫着赶路,工作紧张,连生活也紧张,可当我们为了生活到处奔波时,有没有问过自己,我为自己而活了吗?我有没有为自己"生活"过一天?当我们回首那段时光时,会不会发现我们已经错过了太多的美好?

3

岁月漫长啊，只有真正懂得享受生活的人，才不枉在这世上走过一回。首先，要保证自己拥有健康的身体，以及充沛的精力去应对一切纷繁复杂的事情。并且还要注重饮食健康，讲究营养均衡。其次，要保持心态的健康和稳定。大多数情况下，名利欲望、急于求成、消极悲观或者满腹牢骚等都不利于缓解紧张和疲劳。

如果你也有同感，那么，就请你放慢生活的脚步，学会放松身心，懂得适时休息。

当然，休闲并不代表休眠或是休止，而是在紧张的战斗中的小憩、准备和补充，如同乐谱中的停顿，狮虎搏击前的弓步……休闲，是为了让你抛开一切烦恼和压力，让身心回归安定的状态，以便更好地、精力饱满地投入新的战斗！

会休息,才会工作

工作时就专心努力,休息时就充分享受,懂得工作的同时,你也要懂得休息。因为正确的工作态度可不是由于工作的劳累而拖垮了身体,妨碍了工作的进度,而是应该充分地休息以为了更好地工作。如果天天只知埋头工作,忙得连轴转,虽然表面上看起来工作时间加长了,但实际上工作效率却并没有得到提高,反而更容易酿成疾患。

1

瑞士这个国家,每个人都拥有一个最重要的权利——休息。生活在瑞士的人,常常把"会休息的人才会工作"这句话当成至理名言。百年的和平环境,使得瑞士人早已不用再为了创造财富而终日忙忙碌碌,对于普通民众来说,他们非常注重休息。

那么,他们休息的时候都会去哪里呢?

一位瑞士人回答道,一般情况下,普通市民下班后就直接回家，吃完饭后，读读书、看看电视，或者与朋友在酒吧喝两杯聊聊天，然后便回家睡觉，但是，到了周末他们一定会出门散散步或是锻炼身体。在瑞士，每个人的头等大事就是安排每年的休假，有很多人在前一年就开始着手安排休假的事情了，不管手头上的工作进展到了哪一步，休假的时间一到，他们才不管加班费有多少，立刻休假。在度假面前，天大的事情都得延期再办。

同样，在我国古代也早就有了"一张一弛，文武之道"的说法。在竞争日益激烈的职场上，所有人的精神都像钟表一样，上紧了发条。但是，我们应该注意的是：如果弦绷得太紧，就会断裂。所以，在工作中，及时地调节自己与注意休息，才会有利于我们自己的身心健康，同时也会对我们的事业大有帮助。

在人们长期形成的固有的意识理念中，只有那些"老黄牛"们，诸如每天加班加点、工作上不计得失，"鞠躬尽瘁，死而后已"的人才最值得我们尊敬，才是我们学习的楷模。当下的社会背景，经常鼓励人们加班加点地完成工作，那些废寝忘食、累死累活在工作岗位上的人，还能够得到褒奖。在这样的环境下，如果一个人不加班加点地完成工作，几乎就会落下"不思进取""不积极向上"的"骂名"。但实际上，这种舆论倾向是一种错误的导向，它非但没有提醒人们注意自己的身体健康，反而鼓励人们、引导人们透支生命，拼命工作。

然而，工作是永远都做不完的，但生命却是脆弱而短暂的。只有懂得享受生活,维持健康,才能够继续赚大钱,进而更好地体验生活的本质。

2

从前,有一个生意人叫布朗,生意做得很好,他自有一套自己的方式,就是在休息的时候绝不谈生意。有一位大客户,有一天亲自上门拜访布朗,却被助理拦在门外:"很抱歉,布朗先生现在正在度假,五天后回来。"

"五天?"客户惊讶地喊,"难道他不要这一笔生意吗?这可是一大笔钱呢。"

"是的。"助理无奈地笑了笑,"布朗先生出发之前交代我,无论公司有什么要紧的事情,都不要去打扰他。"

客户不死心,磨着助理给布朗先生打电话,他保证不谈公事。助理没有办法,只好答应了。

电话一接通,客户就大喊大叫:"布朗先生,您每小时的时薪是50美元,一天工作8个小时,休息5天,可就少赚了2000美元,如果您每个月都休息五天,一年可就少赚12个2000美元啊。多不划算!"

布朗先生笑着回答:"如果我每个月为了多赚2000美元,而让自己十分劳累,就算我每年多赚12个2000美元,可是我的生命因此减少10年。很抱歉,我不需要。"

客户一时说不出话来。

3

当工作和生活发生了冲突,引起了矛盾时,你会怎么办呢?布朗先生果断地选择了休息,投身于大自然的美景当中,享受生活的无限乐趣,这样的选择无疑更加有利于工作,推动事业的发展。虽然"会休息才会工作"这个道理人人皆知,也了解硬撑着会使工作的效率降低,但大家还是不愿意将宝贵的时间"浪费"在休息上,但是通过布朗先生算的那笔账,我们应该认识到——把工作当成生活的全部,是多么愚蠢的行为啊!

我们虽然要对懒散的坏习惯避而远之,但是过于"勤快"也未必就是什么好习惯。有一首歌中这样唱道:"忙、忙、忙,忙得没有了方向,忙得没有了主张……"其实,一心低头忙碌的人们,就像是一只陀螺,因被不停地抽打而一直转动着,这使得他们陷在了一种状态里,连自己都不清楚自己该做些什么,总是在毫无意义地忙碌着。与其没有效率地忙,不如适当地给自己放个假。

请给生活做减法

古时候,没有电视,没有电脑,没有手机,没有网络,没有游戏,没有那些微信、QQ,人们也活得很快乐。但如果是现在,为什么我们拥有这些东西,却感觉到异常疲惫?

我们不能够选择生活的时代, 也不能够阻止科技的进步,但我们可以向古人学习,尽量拒绝生活中的诱惑,回归真正简单的生活。

1

曾经有一个人是这样生活的:

他赤着脚,胡子拉碴,半裸着身体,像个乞丐或疯子。大清早,他随着初升的太阳睁开双眼,搔了搔痒,便在路边忙开了他的"公事"。他在公共喷泉边抹了把脸,向路人讨一块面包和几颗橄榄,然后蹲在地上大嚼起来,又捧起泉水送入肚中。他没工作,也无家可归,是一个逍遥自在的人。很多人都认识他,或者听说过他。

他没有房子,他说:"房子有什么用处?人不需要隐私,自然的行为并不可耻,我们做着同样的事情,没必要把它们隐藏起来。"他想,"人也不需要床榻和椅子等诸如此类的家具,动物睡在地上也过着健康的生活。既然大自然没有给我穿上适当的东西,那我唯一需要的是一件御寒的衣服。"所以,他拥有一条毯子——白天披在身上,晚上盖在身上。

他的名字叫狄奥根尼。

狄奥根尼不是疯子,他是一个哲学家,通过创作戏剧、诗歌和散文来阐述他的学说。他向那些愿意倾听的人传道,他拥有一批崇拜他的门徒。他言传身教地进行简单明了的教学。"所有的人,都应当自然地生活。"他说,"所谓自然的就是正常的,而不可能是罪恶的或可耻的。抛开那些造作虚伪的习俗;摆脱那些繁文缛节和奢侈享受,只有这样,你才能过自由的生活。富有的人认为他占有宽敞的房子、华贵的衣服,还有马匹、仆人和银行存款。其实并非如此,他依赖它们,他得为这些东西操心,把一生的大部分精力都耗费在这上面。它们支配着他。他是它们的奴隶。为了攫取这些虚假浮华的东西,他出卖了自己的独立性——这唯一长久的东西。"

2

可以说狄奥根尼的生活虽然有点夸张,但是,从哲学的角度来说,他悟到了生活的真谛,这种简单到不能再简单的生活,才是真正的自由。真正的优质生活是不需要太多东西的,多了就成了累赘,费尽心思去拥有的还要费尽心思丢弃,在这样的来来回回中,失去了很多应有的快乐。

崇尚简单生活的美国作家丽莎·茵·普兰特说过:"当你用一种新的视野观看生活、对待生活时,你会发现许多简单的东西才是最美的,而许多美的东西,正是那些最简单的事物。"现在,人们对自然的征服已经渐渐达到顶峰,但是人们却已经很难找到内心的宁静和从容,失去了内心的真实。

在那个众所周知的现代寓言里,穷人对富人说:"你辛苦了一辈子,不就为了休闲晒太阳吗?你看我,一分钱没有,不是已经晒到了太阳?"

有好事者说,晒过太阳之后,穷人要为没东西吃而锁紧眉头,富人却在为不知吃什么好而发愁。

可是,你有没有站在另一个角度去想——王子在日光浴的时候,乞丐也在晒太阳。这一刻,至少他们都享受着阳光的温暖,至少他们都拥有着简单的快乐。

事物的本质往往是简单的,只是人们把它复杂化了而已。然而,所谓简单,无非是把心降下一挡,以简明而平易的角度去感受人生点点滴滴的美。

如此,我们便能更好地透视生命的欢愉,更好地接受生活的馈赠。

3

那么,如何将那些诱惑从你的生活中一点一点地去除掉,还原本真的生活呢?

第一,简化你的生活环境。

不久前,有一个"断舍离"的活动,呼吁人们简化自己的环境,书桌上其实只需要一支笔、一个日记本、一个台灯、一台电脑、一个盆栽,足矣。凡是不用的东西都可以归结为"杂物",就该让它们从你的世界消失。

请下定决心不要再让你的东西凌驾你的生活,把平衡与和谐重新带回你的家庭与人际关系中。为了不再不堪负荷,要学会放下、学会割舍,那么,你将拥有更加丰富、充实、有趣且令人满足的生活。

第二,简化你的物质。

尽可能远离电子产品。它是一个偷窃光阴、蚕食生命的无形杀手。许多人不知不觉浪费了许多宝贵时光在这魔匣面前,如果我们临终有机会反省一下,就知道,人生共有十几二十年是浪费在肥皂剧上。

改变你的购物习惯。不是急需品,不要急于马上去买,只把它列在清单上,可能明天你就不那么想买了。这样也是为了减少家中多余物品的数量。

减少没有实际意义的交际,为的是减少"人情债",免得浪费时间和金钱。许多虚伪的应酬,实际是谋杀生命;摆脱应酬,而把时间用在实实在在有需要帮助的人身上。

第三,简化你的饮食。

不要让你的饭桌上充满吃着激素长大的家禽肉类,让简单、清淡而又营养丰富的食物代替它们。还要减少每顿进食的种类,并不是种类越多,营养越丰富,有时候过于丰富的种类反而容易产生反作用。

极简生活的最终目的就是使我们的内心平静,感到简单而幸福。

请让繁复的生活得到简化,放下不必要的事情,只关注真正值得关注的事情。

第七章

愿你不必取悦任何人

　　慢慢你会发现，人际关系是一门永远也学不完的科目，即使你已经竭尽全力，依旧会被生活的暗礁触得头破血流。既然如此，何必刻意的去向别人证明什么呢？活得更好，是为了你自己。

面对"暴力",请一定还击

坚持自己的权利其实是最基本的原则,你若允许别人随意对你施加"暴力",而你不仅会失去维护自己权利的能力,也会削弱自己去争取应得的权利的尊严。

1

不知道在工作中,你是否有过这样的体会?那些平时经常对你施加"暴力"的人,如果你没有及时反抗并回击,他们就会建立起一种自然而然的习惯,因为你从来都没有反抗过,所以他们认为这样做是能够被你接受的,而后变得习以为常。可如果有一天,你忍无可忍进行反击了,要求他们放弃所谓的习惯,尊重你的权利,他们并不会自我反省,反而会认为是你的过错。

曾经和我在同一个办公室的实习生果果就是这样,通常实习生进入报社,都会有一个专门负责带领他的师傅,果果的师傅是老顾先生。

老顾先生在业内小有名气,他在报社相对独立,单独负责一个板块,工作相对较多,果果就是他的助理,帮忙处理琐事杂事。果果虽然很聪明,但是做事很不认真,经常丢三落四,心猿意马,耽误了很多工作。老顾先生其实一开始就发现了果果不是自己需要的助理,甚至有时候对她感到生气,但他在职场打滚多年,从不轻易红脸,也不愿意与别人翻脸,所以就任着果果一直犯错,直到办公室变得一团糟,刚刚打印好的报道不见踪影,吩咐的采访任务被以各种理由拖延,毫无效率……

老顾先生终于忍不住了,开始指责果果,没想到果果不乐意了,她觉得老顾先生故意刁难她,她不接受,还要求加工资,理由是工作繁忙。老顾先生难得发火了,一气之下让果果卷铺盖走人。

虽然解决了一个麻烦,但老顾先生面临着更多的麻烦:被果果积压的工作需要抓紧处理;必须马上找到助理,但有可能比果果更糟糕;在招聘时,他不希望招刚毕业的小女生,大概是有了阴影……想到这,老顾先生终于认识到是自己最开始没有及时指出果果的问题,才导致自己现在手忙脚乱,心生许多挫败感。

在跟我谈起这件事时,老顾先生叹了一口气,说:"我觉得自己遭受到了'暴力',唉……"

2

职场暴力时有发生,不仅仅是领导对下属才有暴力的可能,下属对领导也会有,甚至更多更严重。在职场中,你是否感觉经常受压制?你是不是觉得别人总是占你的便宜,不尊重你的人格?或者频繁触碰你的底线?同事在制定计划时有没有考虑过你的意见?你是不是在职场中经常扮演违心的角色,是因为人人都希望你这样?

那么,你反击过吗?

美国心理学家韦恩·戴尔曾经指出:"我从诉讼人和朋友们那儿最常听到的悲叹所反映的就是这些问题。他们从各种各样的角度感到自己是受害者,我的反应总是同样的,'是你自己教给别人这样对待你的'。"

没错,很多时候我们遭遇到"职场暴力",是因为我们没有反击,给了对方继续"暴力对待"我们的机会。

不妨想一想老顾先生的教训,他明明是受伤害的一方,却被果果记恨着。因此,请记住,在职场和生活中,如果有人让你觉得不舒服,或者伤害了你,你要及时告诉他,别难为情。如果错的真的是他,他才会感受到自己的不对,才会知道你的立场,才会在以后发生改变,才会让你接受。宣扬自己的权利,不是一件错的事,当然,这样做的前提是适度,不能过度反应。

在人们日常的交往中,那些与别人相处得最融洽的人,并不是处处吃亏才会如此,而是做事恰到好处,不卑不亢,赢得了他人的尊重。

当你被"暴力"了,说出来吧,勇敢地说出口。不过,说出来的前提是把目标聚焦在自己受到"暴力"的事实上,而不是去挖掘他人的动机或者人格,只有实事求是地说出问题,才能让对方意识到自己犯了错,并产生羞愧感和自责感,才能从根本上解决问题,避免下一次的"暴力"。当然,这并不是教你去占别人的便宜,侵犯他们的权利。

3

反击"暴力"势必为之,但在反击的过程中,需要注意以下几点。

第一,用行动,而不是用语言做出反应。如果你明显察觉到自己遭受到了"暴力",但你的反应却只是口头上抱怨几句,而后默默承受,效果其实并不好,下一次,请用行动表示,效果会更好。

举个例子,你的同事每次下班其实应该拿走垃圾,而他却总是叫你帮忙,你觉得不好,为什么要天天帮他倒垃圾?一开始你可以在下班前提醒他,如果他置之不理,那你就可以选择采用置之不理的态度,每天不帮他倒垃圾,等多几次之后,他就会主动倒垃圾了。一次行动,比任何言语都有效。

第二,敢于拒绝做你不想做,你厌恶的,以及不在你职责范围内的事。有时候，在职场和生活中，经常会遇到自己明明不想做这件事，但别人总是拜托你帮忙，你在支支吾吾中还是答应了，一次答应过后，会让人误解，觉得你并不讨厌做这件事，从而总是叫你帮忙。和隐瞒自己的真实感受的绕圈子相比，人们更尊重那种毫不含糊的回绝。同时，你也会更加尊重你自己。

如果领导觉得你很能干，想要加派更多的任务给你，这已经干涉到你的自由时间了。这时候，你要勇敢说不，告诉领导，你有权利支配自己的时间做自己想做的事，况且从繁忙的工作中脱身，休息休息是完全正当的，支配自己休息的时间也是理所当然的，任何人都没有权利侵犯你的权益。

第三，说话的语气要斩钉截铁，不要说那些招引别人可能会欺负你的话。"我是无所谓的""我可没什么能耐"，或者"我从来不懂那些方面的事"，诸如此类的推托之辞，就好像为其他人利用你开了一张许可证。

第四，面对蛮横无理的人，面对盛气凌人的人，冷静地指出他们的错误行为。在生活当中，我们难免会遇到吹毛求疵的、强词夺理的、夸夸其谈的、令人厌烦的，以及其他的欺人者，别害怕，你必须斩钉截铁地迈出第一步，冷静地指出他们的行为已经触犯到你了，用诸如"你刚刚打断了我的话"或者"你埋怨的事永远也变不了"等话语让他们意识到自己的行为是不合情理的。这时候，你的表现越平静，越直言不讳，你反击的力量也就越大。

第五，心中坦然。有时候，一旦有人表现出委屈，说一些好话，或者表现出生气、愤怒的情绪，不要害怕，也不要觉得难过，不为所动，要对自己采取的态度感觉问心无愧。

最后，请记住，很多时候，是你自己教会人们如何对待你的。把这一条准则当成指导职场和生活的原则的话，相信你能够很好地解放自己，做一个真性情的人。

请不要再当无名英雄了

大抵是受到了中国传统文化的影响，我们一般都不愿意主动表现，甚至会去打压那些爱表现的人。可是，爱表现并不算是一件坏事，含而不露也不是真正的"低调"，而是不尊重自己的能力和价值。

1

我之前采访过一个销售小刘，他任职于一家小家电公司,但由于他们的产品都在乡镇销售,影响力还是蛮大的。那几年,国家有家电下乡的政策,买家电有补贴,所以产品的销量在南方某乡镇一直很不错。不过,不知道为什么,到了下半年,那个乡镇的订购量大幅度下降,公司领导很着急,派小刘去考察情况。

小刘去了一个星期,过程颇为辛苦,但得出的结论并不是很乐观,他回到公司后,没有直接向领导汇报,而是先去公司的相关部门了解了一些数据情况后,才敲响了领导办公室的门。

"情况怎么样?"领导一见到小刘,劈头就问。

小刘来之前,故意没有换衣服,显出一副风尘仆仆的样子,面对领导的问题,小刘没有急着回答,而是先喝了桌子上的水,一边喝水一边叹气。

领导看到小刘的神情,感觉事情不是很乐观,他想知道最糟糕的情况,就换了一种方式,问:"我想知道情况糟糕到什么程度了,我们还有挽回的余地吗?"

"有!"小刘干脆地回答。

"太好了!"领导的脸上露出了一丝微笑,"来,小刘,谈谈你的看法!"

小刘喝完了水,把他了解到的情况汇报给经理:"我这次出差,主要考察了九个乡镇。这九个乡镇,以前是订货最多的,经过了解,我认为现在订购量大幅度下降,主要原因出在宣传上。有一次,有一户家庭使用了我们的小家电,因为使用不当,家里着火了,虽然没有造成严重的后果,但是当地的报社报道了这一情况,有一些网民就在网上大肆宣传,造成了不利的影响。公司的宣传部门认为这是一次小事故,没有足够重视,最后导致乡镇的很多客户抵制使用公司的产品,因而取消了订货计划。"

"怎么会有这样的事?"领导着急地问,"你觉得我们还能挽回吗?"

"可以的。"小刘肯定地说,"考察之后,我仔细研究了那次媒体报道的事故,以及许多网友的言论,其实并不是我们产品的质量问题,而是用户使用不当才造成了事故。也就是说,如果用户能够正确使用小家电,事故是完全可以避免的。我也仔细问过了,那几家代销商对我们产品的印象还是很不错的,我认为我们应该通过他们联系当地的媒体,当众解释那次的事故,同时,我认为还可以下乡举办一个用户见面会,可以针对小家电的质量问题,我觉得这些坏的影响会大大消除的。"

领导满意地点点头,说:"非常不错。你不仅找到了这次销量下降的问题所在,还想出了解决的办法。我觉得你提出的办法很不错,这件事就交给你全权处理吧。"

"好的。"小刘信心满满地说。

经过小刘的努力,这次的危机完美解决了,乡镇居民消除了对小刘公司的产品的误解,而小刘因为出色的工作能力,得到了领导的认可,被公司当成重点的培训对象。

2

报社这几年,除了坚持纸质发行之外,也在顺应时代潮流,发展线上发行。为此,报社招聘了一个技术出众的程序员李浩,他是国外留学回来的"海归",回国之前,曾经就职于美国的一家大型公司,在报社里,李浩的专业背景、资历、技术能力等条件可以说是数一数二的,不过,很奇怪的是,与他在同一个部门的同事,能力没有他强,但都加了好几回薪水了,甚至比他晚进来的同事,也都有所晋升,而这几年,李浩还在原地打转。

李浩感觉到很困惑,他反思自己是不是和社长的关系不好,但他每次见到领导都会热情地打招呼,和同事的关系也不错,按理说,应该不会有人找他的麻烦。他觉得不甘心,就悄悄地找了老顾先生,问原因。老顾先生语重心长地说:"你做了什么工作了吗?我都不清楚,你觉得社长会清楚吗?"听到这,李浩恍然大悟,他的失败就失败在"自我推销"上,他只知道埋头于工作,而没有让社长看到自己的能力。

知道了原因后,李浩像是换了一个人似的,他积极在公司同事面前树立个人形象,聊天的时候会说一说自己的工作进展,利用各种场合表现自己,同事们遇到了技术上的问题,看似无法解决,李浩却能轻易搞定,同事对李浩大加赞许。有了肯定,李浩的斗志被激发了,接连实现了几次技术创新,得到了社长的肯定和嘉奖。

从前,在领导出席的场合,李浩总是光听不说,十分低调,现在他变了,总是会积极地站起来,说说自己做了些什么,进展到了什么程度,并获得了社长的注意和支持,让自己有更多的机会去参加更多的团队项目,也重新刷新了领导对自己的认识。

经过努力,社长对李浩的评价有了很大的转变,他认为李浩是一个稳重、有能力的可塑之才,之后就让李浩作为重要的技术人员外出培训。三个月后,李浩被任命为部门主管。

从李浩的经历中,我不禁感叹,一个有才华但深藏不露的员工,和一个众人眼中的"绩优股"员工,在职场的待遇中,原来会有如此之大的差异!

3

仔细观察,你会发现,在职场当中,各种各样的学习和培训总是一些人参加,而这些人每次都会拿最多的公司奖金和福利,而且在年会上,也是他们受到最多的表扬……之所以会这样,是因为他们做出了有目共睹的优秀的业绩。

公司之所以隆重地表扬那些优秀员工,不是因为他们做出了不可代替的成就,而是公司希望让这几个"标兵"的影响力,让更多的优秀人才站出来,鼓励他们做得更好,为公司创造更好的业务。在这个层面上,公司其实并不欢迎"无名英雄",他们更喜欢的是爱表现的员工,挖掘一个优秀的人才,带动一大波普通员工的积极性,提高公司的效益,受益的最终是公司。

通过员工直接的表现，领导可以发现他的不足之处，从而帮助他改进，给他规划更适合的发展道路。

身在职场，"低调"有时候其实是一个陷阱。职场就相当于战场，不管是风平浪静，还是暗流涌动，想要往前进一步，都是非常困难的。想要取得职场上的进步和成功，不能默默无闻，独自安慰自己，没关系，只要我真的做了，领导一定会看到的。要知道，战场上不需要"无名英雄"，而是轰轰烈烈往前冲的战将。

自己做了什么，就让领导知道你做了什么，这样，自己付出的劳动和价值，才会得到最公正的对待，不然在领导的眼中，你可能只是一个不求上进的普通员工罢了，随时可以取而代之。

该出手时就出手，攻击是最好的防御

机遇其实来自工作中的每一次努力和挑战，有时候看似挑战，其实是很好的机遇，因此，面对工作中的每一项任务，无论难易，我们都要积极勇敢地接受。很多时候，一个能主动要求承担更多责任或有能力承担责任的员工,是领导最需要的最喜欢的人才。迎接挑战,你不仅能够学到很多东西,还能够得到很多回报,把自己的优势变成未来的机会。

1

小非当时是我们大学学生会的会长,能力很强,毕业后去了一家对外贸易公司工作,工资高,工作也很轻松。从小到大,她的人生之路几乎非常平坦,没有经历过大风大浪,不过她自己可不满足,她一心想要做出一点成绩,以此证明自己的能力。

有一年,公司想要拓展业务,领导在会议上指出,想让一个富有经验的老员工到华南地区建立一个新的市场拓展点,打开华南市场,而公司会在背后提供一些人力和物力的支持,希望公司的老员工能够踊跃报名,积极参与,虽然苦了点,但对能力的锻炼很有帮助。只是,大家都很清楚,到一个陌生的城市从头开始,谈何容易啊?更何况,老员工在公司已经根基稳定,谁还愿意去受这份罪呢?所以,当领导提出了这个建议时,老员工个个都低下了头,没有主动请缨的意思。领导觉得有点失落,就又看了看刚进公司的新人们,眼神巡视了一圈,个个都故意逃避似的躲开了。就在这时,听得热血沸腾的小非举起手,激动地说:"报告,我想去。"

"但是,你……"领导犹豫地看了小非一眼,小非站起来,抢着说:"我会努力的,把事情做好,打开市场。"

由于小非是唯一一个报名的,又出于对新员工的考验,领导同意了小非的要求。下班后,激动褪去了,小非的心里有了担忧,自己什么经验也没有,能做成吗?刚刚好像有点冲动了,现在有点后悔,不过又想了想,这家公司的老员工很多,如果要待着熬资历熬年头,那得熬到什么时候啊?既然如此,还不如主动出击。

出于对小非这位新员工的照顾和赏识,公司给她制订了一套严谨的工作方案,并在后方提供咨询服务。在新的城市,小非不停地奔波、忙碌,费尽心思地向目标客户介绍公司的产品,慢慢地,小非赢得了客户的信任,顺利完成了公司交给她的任务,而她也凭着勇气和刻苦工作的精神获得了领导的赏识,过了一个月,她直接被任命为区域经理。

经过三个多月的艰苦奋战,小非终于在华南地区建起了一个小有规模的市场拓展点,而后,她又破例被公司提拔为部门副经理。同时,最让小非开心的是,在开展这项工作的过程中,她的见识和能力得到了飞跃式的突破。

其实每个人都习惯在自己熟悉、擅长的领域做事或者表现,就因为这个"习惯",大家不敢逃出舒适区,所以那些有能力的人不敢轻易尝试新鲜的东西,怕失败了被人嘲笑。其实,有一句话叫作"攻击是最好的防御",不仅适用在战场上,职场上也同样适用。因此,当职场中出现了新的挑战,不要逃避,正视它,说不定会给你带来新的机遇。

2

大学时候,因为社团活动认识了小燕,毕业后也保持着联系。小燕在大学学的是广告专业,毕业后去了一家广告公司做文案。大学的时候,她很低调,在社团当中,除非是有人喊她,不然她是绝对不会主动的;在公司,她一如既往地,看着同事们为了名利争来争去的,她就在一旁一笑置之,她认为只要做好自己的本职工作,踏踏实实做事,就能一步一步往上走。可很多时候,大家都会想不起这个人来。

小燕所在的广告公司,有一部分业务针对韩国,而小燕其实在大学时候就选修了韩语,并且考到了等级证书,不过她自己从来不说,面试的时候也藏着掖着,所以公司的人都不知道。工作了一年,小燕的薪水不变,职位不变,几乎没有任何发展的迹象。

有一次,韩国客户传了一份合同过来,但公司的几个翻译都去接待客户了,主管头疼不已,小燕看到了,轻声地说:"我学过一点韩语,如果不是特别难的话,我可以帮忙试试看。"主管很高兴,连忙把合同递给了小燕,小燕翻译完了,主管笑了笑:"可以啊。"小燕笑了笑,也没有再说什么,就走了。这件事就这么过去了,小燕也没能引起主管的注意。

又有一次，公司与一家中韩合资的公司洽谈一项业务，对方的团队很大，来了十几个人，主管带了两三个翻译和小燕，风尘仆仆地赶到会晤地点，可是到那儿之后，主管发现自己带的翻译根本不够，一时不知所措。

公司的几个翻译，几乎都是一人接待两个客户，但还是忙不过来。小燕会说韩语，也能听，但主管不找她，她自然也不敢开口，看着忙乱的场面，她犹豫不决，最后实在不忍心，就豁出去了，想着能帮主管解解围，能让公司顺利谈合作就好。于是，小燕主动请缨，走到了客户中间，用韩语亲切地交谈，双方谈得非常融洽，像是聊家常一般，最后，合同顺利地签下了。

在危急时刻，小燕及时"解救"了主管，主管很感谢，也认识到了小燕的能力，回到公司后，小燕被调入了业务组，负责对接韩国公司的业务，小燕如鱼得水般地发挥着自己的能力，并作为公司的重点培养对象，去韩国受训了半年，由于她的努力，最后也升了职加了薪。

3

中国讲究"中庸"思想，受到这种思想的影响，在职场中，其实有很多员工的能力很不错，但由于他们缺乏挑战的勇气，面对那些具有挑战性的工作和任务，都会选择能躲则躲，仿佛生怕别人觉得自己在出风头，又或者怕自己被撞得头破血流,所以从来不敢主动发起进攻,自然也就没了出头之日,终其一生,只能从事一些平平庸庸的工作。

做普通人,其实很容易,安安稳稳地过日子,衣食无忧,在"舒适圈"里"如鱼得水"。不过,要想成为千里马,则需要拿出与众不同的东西,让伯乐发现并进行深一步挖掘。

人生,就像是一场比赛,要想获得成功,必须努力奔跑,付出百分之百的努力,让观众席上为自己响起掌声。真正能够进入观众视线的,肯定不会是一个循规蹈矩的参赛者,而必须是一个有能力的,敢于表现自己的参赛者,只有付出了必要的努力,才能够让别人印象深刻。

因此,在职场当中,不要不好意思,不要藏着掖着,大胆出击,展现出自己的才华,做出优秀的业绩,或者主动提出不同的想法,让领导知道你是有想法、想做事的人。只要你勇敢地面对一切,那你离"得意"就不远了。

当然,出手有风险,成功和失败的概率各占一半,要想在公司脱颖而出,必须要有过人的胆量和勇于承担风险的精神,高难度的工作自然也面临着高失败的可能,但值得肯定的是敢于挑战的精神。如果你顾虑重重,畏首畏尾,就永远不可能成功。

吃亏可以是福，也可以是阿Q

曾国藩曾经说过："做人的道理，刚柔并用，不可偏废。太柔就会萎靡，太刚就会折断。"人活在竞争激烈的社会当中，不能锋芒毕露，但也不能软弱无力，任人宰割。

1

我有一次去北京出差，发生了一件印象深刻的事。

从首都机场下飞机后，我打了一辆出租车去酒店，到了之后，司机收了我150元钱。我其实觉得有点不妥，因为我之前用手机软件搜索过，这段路程大概只需要100元左右，而且这一路也没有堵车，很顺畅，但我没有选择跟司机争辩，不动声色地拿了发票下车。回到酒店后，我拨打了出租车公司的投诉电话。

说真的，我其实当时没有抱很大的希望，因为我其实不记得当时的路线，有没有绕路凭借发票和司机的证词根本得不到判断，而且这家出租车公司，我其实没有听说过，兴许是一家小公司。我做好了心理准备,最坏的情况就是听对方的理直气壮的搪塞。

电话很快接通了,一个工作人员记录了我的申诉和相关信息,最后说七个工作日之后会给答复。三天后,我接到了那家出租车公司打来的电话。一个中年男子说,他们已经找司机核实了情况,司机的确多收了50元钱,对方表示会把多收的钱退还给我,同时公司会对其进行十倍的罚款,对此造成的困扰,表示抱歉。

挂了电话后,我在想,其实在日常的生活当中,很多人的权益明明受到了侵害,但只要无关大局,能忍则忍,不愿意为此多花费时间和精力。可是,选择息事宁人的方式,却会让自己的利益受到损失。

要知道,在生活中,只有我们才是自己命运的主宰。有很多利益都是属于自己的,要自己主动争取。

有时候,我们总觉得自己处于被动的局面,处处受人压制,殊不知,这种被动的局面很可能是自己造成的。许多事不是我们默默等待,就会有好结果的,凡事要养成一种主动争取的习惯,只有争取属于自己的利益,这样才能在关键时刻力挽狂澜,也能使我们在日常生活、工作和人际交往中游刃有余。事事主动,事事想在前面、做在前面,才能从被动的局面中解脱出来。

2

我有个朋友高念,毕业后在一家装饰公司做销售代表。她跟我抱怨自己的"吃亏"经历,她有一次接到一个客户的单子,这个客户是某大型楼盘的置业顾问。高念的装修报价在市场上其实已经很合理,但客户仍然觉得高,而高念为了抓住这个客户,并且希望客户能够帮自己推荐很多的客户,因而在没有对客户说明的情况下,牺牲自己的提成,满足了客户降低价格的要求。

高念认为客户会明白降低了价格,是因为自己让出了提成,会因此感谢自己,但她没有想到的是,客户根本不知道自己牺牲了提成,反而觉得高念公司的报价有猫腻,居然能够降低这么多价格,甚至还怀疑起他们的工程质量,偷偷联系了其他家装公司。

3

传统的中国思想一直奉行的原则是吃亏是福,我也是在这样的教育下长大的。而后,在人生中遇到了很多有着无可奈何的结局的事,我也会用"吃亏是福"聊以慰藉,那一刻,我不得不佩服前人造字造词的经典深奥之处。不过,我后来发现这句话通常是在我失败后才出现在我的脑海中的,但实际上,我知道自己是在逃避,逃避那种失落感。

身边的很多人跟我一样,明明吃的是"堑",却忘记了"长智",但吃了很多很多的"堑",最后也像是竹篮打水一场空。因此,"亏"也不能总是乱吃,不要为了息事宁人,或者将错就错,去吃亏,吃暗亏,结果只是"哑巴吃黄连,有苦难言"。

吃亏,要吃在明处。至少,在吃亏时,你应该让对方意识到,在这件事情上,你吃了亏,成了施者,而那个让你吃亏的人,则成了受者。从表面上,是你吃了亏,他得了益,然而在本质上,他却因此欠了你一个人情,不管是在友谊上、在感情上,还是在职场当中,你已经多了一个筹码,这个比金钱等其他因素都更有力量。

"吃亏是福"的说法其实没有错,但在社会这个大江湖里,哪些亏该吃,哪些亏不该吃,应该怎样吃,我们心里都要有个底,起码要吃亏吃得明明白白。

用庄重的姿态捍卫尊严

尊严的价值,可以用水来比拟——在南方水草丰茂的城市里,或许一方只值五元,但是在满是干坼沙砾的戈壁,一滴或许就足以维系一个人的生命。

我们可以苛责谁在捍卫自己的人格与尊严时候的失当，但是我们却没有资格不尊重这种勇敢和决绝。

1

什么是尊严？《辞海》释为：可尊敬的身份或地位。

如果说这样的名词解释过于枯燥，那么我可以用一个故事更加生动地告诉你：很多年以前，大约是世界经济大萧条的时候，美国加利福尼亚一个名叫威尔逊的小镇涌来一群饥饿的难民，当镇长杰克逊先生把居民自发筹备的食物送到难民手中时，许多人甚至来不及说一声"谢谢"就开始大嚼大咽，只有一位年轻人例外。

他对镇长说："谢谢您，尊敬的镇长，送给我们这么多东西，那么，现在，您有什么活需要让我做吗？"

杰克逊拍拍他的肩膀微笑道："孩子，我只不过想给你们提供些帮助而已，怎么能让你们干活呢？"

但年轻人却不领情："不，先生，如果没有活做的话，我不会接受您的食物，您给了我东西，我总得为您干点什么呀！"

杰克逊看他说得郑重，想了想，只得蹲下来道："孩子，那你就来给我捶捶背吧。"

后来，杰克逊镇长把女儿嫁给了他。二十年后，这位年轻人成了世界石油大亨，他的名字叫哈默。

其实，这样的故事在中国也有很多，尊严就是苏武牧羊十九载一刻不离身边的旌节,是陶渊明不为五斗米折腰的故事,是司马迁虽遭宫刑依旧坚持以实事记录的史记,是朱自清宁死不食日粟的骨气……

我们甚至还有一句俗语:树活一张皮,人活一张脸。可能没有这么严重,生命有无数种存续的理由,我们不是为尊严活着的,但是,当我说没有尊严的生命存在毫无价值时,相信也没有谁能义正词严地驳斥。

2

我报道过一位老师和学生的故事,很好地诠释了什么是"尊严"。

这位老师姓高,他的学生,叫李晓。

"谁来回答这个问题,请举手。"开学第一课上,高老师问同学。

刷,一,二,三,四——同学们争先恐后地举起了手。

"请李晓同学来回答。"高老师看着李晓说。

李晓站起来,无语。

第二堂课上。"谁来回答这个问题,请举手。"高老师问同学。

刷,一,二,三,四——同学们争先恐后地举起了手。高老师习惯地环视同学们一眼,发觉李晓同学又举起了手。

"请李晓同学来回答。"高老师看着李晓说。

李晓站起来,依旧无语。

第三堂课,第四堂课……高老师被弄得丈二和尚摸不着头脑,怎么这个叫李晓的学生每次都举手,却一次也答不上来?

于是,李晓被高老师叫到了办公室。

"李晓同学,你为什么每次都答不上来,却每次都争着举手呢?"高老师和蔼可亲地问。

"不举,不举行吗?"李晓理直气壮,"不举,同学们会怎么看我,我会在班里抬不起头的。"

高老师耐心地说:"李晓同学,我们来一个约定,以后如果你能回答就举右手,不能回答就举左手,只要你举右手,我就叫你起来回答,好吗?我保证你在我的课堂上绝对有面子!"

"好。"李晓认真地说,"但你不准告诉其他同学,这是我俩的秘密。"

此后,课堂上,李晓依然争先恐后地举手,每次都把左手举得很高很高。

大概过了一个月,一堂课上,李晓忽然史无前例地举起了右手。

"请李晓同学来回答。"高老师看着李晓说。

这是李晓第一次能清清楚楚地回答老师的提问。

高老师注视着李晓,向他满意地点了点头。

有了第一次的李晓自然想着第二、第三次。

课堂上,李晓举右手的次数渐渐增多了。

渐渐地,高老师对李晓举右手只是看一眼,微微点一下头,会心地一笑,因为他每次都只是举右手。

几年后,高考状元李晓被媒体争相报道,我所在的报社也在此列。他当着记者的面,给高老师打了一个电话:"高老师,我考上了。"

"我知道。"话筒那边,高老师语气平静。

"谢谢您,我不知道该怎么谢谢您……"

"谢我做什么,我只不过给了你一点点面子,而今天的尊严,却是你自己挣到的……"高老师说。

3

如果说生命是山,那尊严就是给我们名气的仙人,如果说生命是水,那么尊严就是给我们灵气的蛟龙。若你相信自己的灵魂是一条能够在云岚山峦间恣意驰骋的巨灵,那么,尊严就是在你尚未离开纸面前,那用朱砂重重点下的一滴,浓墨重彩的红。

据说,人临死的一刹那,体重会莫名其妙地损失21克,我愿意相信,那是我们的尊严,它总会在生命最平和冷静的时刻,浮出你的躯壳,俯瞰并且审视你的肉身。

尊严是无形的,却也是有形的。

尊严是一种高度,是一种重量,再不起眼的人,只要有了这种高度和重量,就能在权贵面前不卑不亢,在金钱面前不谄不贪,在不公之事面前不避不忍。

尊严是我们骨骼里的钙质,一旦流失,斤两十足的血肉也变得脆弱如朽木。

关于尊严,我最喜欢的话是柏杨在《我们要活得有尊严》一书中,开卷便跳出的一句:人,之所以为人,第一是要自己有尊严;第二是要尊重别人的尊严,而且是诚挚地尊重。

尊严是我们对生命还有生活的最本色的理解,虽然这种返璞归真的能力在这个时代如此稀缺。

尊严是我们有了这种理解后,还生命还有生活本身,最真挚的一个敬礼。

所以,尊严是高贵者与高贵者的互动:我们庄重自己的神色,我们虔诚地鞠躬,即是证明,他们是我们的贵人,也是证明,我们是他们的贵客。

尊严是宝贵的,可是多么可惜,这种宝贵似乎是源于它的稀少。

但是我知道,总有一天,更多的人会发现它的美好。

第
八
章

别在"朋友圈"里为难自己

谁没有朋友呢?但是,什么时候起,"朋友"这个
词和"人情陷阱"挂上了钩? 又是什么时候起,我们
在"朋友圈"里一边刷着手机,一边羡慕嫉妒着那些
"朋友"的生活状态?

朋友圈的状态,能当真吗

每个人都在朋友圈里羡慕别人的生活, 去哪旅游了,晒了娃,秀了恩爱等等,却不知道那些表面看似风光无限的背后,有着难以倾诉的心酸与苦涩。只是你看不到罢了,请醒醒吧,别看着别人的朋友圈,为难自己了。

1

我有一段时间经常刷朋友圈,每天都看到不同的朋友不断更新着生活状态,养花、遛狗、烧菜、绣十字绣、出国、跳槽、晋升、读MBA,以及一张张的美照,而我看自己的生活,好像一成不变似的,每天上班、下班、吃饭、睡觉,波澜不惊的,就像白开水一样索然无味。我不禁在想,为什么别人过得那么有滋有味,精彩纷呈呢? 甚至在心里产生了一种不舒服的感觉,十分不爽。

直到有一天,朋友小苏给我打电话,她问我有没有空,想跟我喝杯咖啡。我说我还有稿子要写,她顿了一会儿,低沉着声音,说:"我找你有事,想跟你聊一聊。"

察觉到电话那头的异样,我看了看时间,只能等晚上加班了,而后丢下手里的事,打车到了小苏约定的咖啡馆。才走进咖啡馆,我就看到小苏一个人坐在角落,眼眶红红的,肿得像核桃一般。

"你怎么了?"

"我老公要跟我离婚。"

我惊讶得说不出话来,小苏和她老公,几乎天天在朋友圈里秀恩爱,昨天在泰国海边度假,今天在香港购物,明天去野外搭帐篷露营,羡煞我们一众。而且,小苏之前跟我说过,她和老公约定了不生小孩,想去哪里几乎是说走就走,不像朋友圈里其他结了婚生了小孩的妈妈,每天都围着孩子转,日子过得一地鸡毛,很多朋友都说特别羡慕小苏,与自己喜欢的人,过着自己喜欢的日子。

"你们发生什么事情了?怎么会闹到离婚呢?"

"他家嫌弃我不能生!"

"你们俩不是约好了不生孩子吗?"

"是啊,结婚头两年,我们确实没打算要孩子,可是后来我妈也催,婆婆也催,我俩抵抗不住,就想着要一个吧,可就是要不上啊。这些年,几乎天天跑医院了,前前后后没少花钱,但我就是没怀上。上个月,婆婆急了,直接到我们家来,闹了一阵子,他就跟我摊牌了,说要离婚!"

"怎么会这样呢？你们不是天天在朋友圈晒……"我的话没说完,她就激动地打断了:"你怎么也这么笨？朋友圈能当真吗？人要是能每天都活在手机里就好了。"

2

我在那一刻幡然醒悟,每一个人都会羡慕别人在朋友圈里发的状态,去哪里旅游了,收到什么礼物了,收到了多少红包,和哪个著名影星合影了,等等。这或许是一种比较心理吧。

但我们不知道的是,那些幸福与繁华的背后也有落寞、伤感,甚至和每一个普通人一地鸡毛的日常生活一样,有争吵、有恼怒、有眼泪、有压力。

印象深刻的是曾经在网络上看到一篇题目为《快来扒网红真相》的文章,主要内容是澳大利亚一名年仅19岁的网红,她有10多万的粉丝,她拍的照片和视频受到了大量少年少女的追捧。但她在视频中讲述了社交媒体背后的自己:"你们在社交媒体上看到的我不是真的我。我从12岁到16岁,花了四年的时间研究如何成为一名网红,而16岁到18岁,则在花尽心思讨好自己的粉丝。我每周都要花超过50个小时的时间泡在网络上,晒照片、发食谱、回复粉丝、做视频……我说那是我偶尔晒出的一张照片,让你们觉得这就是我随手拍的日常,其实,并不是!那明明是我费尽心思打扮了自己,花了很久的时间拍照,然后从很多照片当中选出最好的一张。我有一天晒一张比基尼照片,小腹平坦,可是你们知道我为了拍出小腹效果,已经饿了整整一天了,摆了一百多个姿势,才拍出一张。在社交软件上,我只是一个数字!你们觉得10万粉丝很厉害,但第二天,你就会想要20万,甚至更多。我上瘾了,我沉浸在别人对我的赞美当中,因为那太容易获得了,我以为我拥有多少粉丝,就真的有多少人喜欢我。离开了社交网络,我都不知道自己是谁了。"

之后,她退出社交网络,因为她受够了活在手机里。

3

每个人都在朋友圈里羡慕别人的生活,却不知道那些表面看似风光无限的背后,有着难以倾诉的心酸与苦涩。我们都喜欢跟身边的朋友分享快乐的事情,想让自己看起来光鲜亮丽,而那些糟糕的事情就被自己藏在心底,只会在深夜的时候,涌上心头,掀起伤感的情绪。

当今社会,社会中的每个人都成了现代科技的俘虏,到处都是智能手机,到处都是免费的WiFi信号,我们几乎沉浸在朋友圈当中,不可自拔。而各种新鲜事物的迅速更迭,各种手机软件瞬间更新,朋友圈的动态更是每分每秒都在变化,我们在这个快速旋转的虚拟世界里,逐渐迷失了自己。为了发一条能够引起很多关注的朋友圈,我们不惜花费巨大的时间成本,拍照、修图、编辑语言……

醒醒吧,我们需要活在现实里,不要让别人的评论和热捧一步步迷失了自己,不要让网络世界虚拟的浪漫和繁华使自己沉醉不醒。

你若盛开,蝴蝶自来

我们总是很着急,着急构建一个高大上的人脉圈,从而利用其中的资源和机会,实现自己想要的目标。但我们可否想过,别人为什么要把他的资源和机会给我们呢? 与其急着挖空心思往各种圈子里钻,倒不如沉淀下心来修炼好自己,你若盛开,蝴蝶自来。

1

小时候,妈妈总教育我们要跟学习成绩好的人一起玩;长大后,妈妈又告诉我,在职场当中,要多去结交优秀的人,要多去结交大人物。现在想想,妈妈这样做的原因,不外乎成绩好的人会教我功课,优秀的人会给我带来不可限量的好处。

可是,我后来慢慢发现,如果我的成绩不好,那些成绩好的人其实并不会跟我玩;而在职场中,当我只是个名不见经传的小人物时,那些优秀的人也并不会来搭理我。

曾经听妈妈说过一个发生在亲戚身上的故事。

那个亲戚的儿子,大学毕业后找了一份工作,但做了几个月,觉得工资太低了,就辞了职,打算创业发大财。听人说,在老家做生意,关系最重要,所以他就想着去结交一些"大人物",搞好了关系,办事总会方便很多。

春节的时候,在另外一个朋友的牵线搭桥下,组织了一个饭局,真的请来了几个"大人物"。亲戚的儿子,低眉顺眼地挨个敬酒,态度特别好,这时,餐桌上有人问他:"你创业准备做什么项目啊?"他喝了一口酒,说:"还没想好呢,但不管做什么,以后肯定有用得着大家的地方,还承蒙各位以后多多关照啊。"

大家交谈甚欢,结果呢,他自己一个人在"您随意,我干了"的冲天豪气中,喝得酩酊大醉,最后不胜酒力,倒在椅子上呼呼大睡,怎么喊都喊不醒。最后,还是那位帮他牵线的朋友结了账,并且送他回了家。

酒醒后,他记起了昨天的事,觉得不好意思,就挨个给大家发信息,说:"真不好意思,让你们见笑了。那天我喝醉了,有照顾不周的地方,还请各位多多包涵。改天,我再组织个饭局,大家再聚一聚。"但是,所有人后来都对他爱答不理的,他自己却想不明白是为什么。

2

面对妈妈的耳提面命,让我多结交大人物,让我和比自己优秀的人做朋友,我很想告诉她,做这些的前提是我也要足够优秀啊。

想起唐朝著名诗人白居易,16岁那年到长安赶考,虽然他有一身的才华,但在当时,他还不够出名,因此在偌大的长安城里,并不得志。他想了想,最后决定去拜访著名诗人顾况,顾况当时是一位名士,声名远播,白居易希望得到对方的举荐,从而施展才华。

不过,顾况当时已经是地位颇高的诗人了,而白居易只是一个无名小辈,看到白居易的拜帖的扉页上写着"太原白居易诗"这六个字,也没有什么客套话,原本就瞧不上这个年轻人,这下就更不舒服了,于是不屑地说道:"长安米贵,居亦不易。"

这句话的言下之意很明显,顾况是想问,我为什么要帮助一个无名小辈呢?帮助你这个无名小辈在长安城里出了名有什么意义呢?不过,这些言下之意在他翻到白居易的《赋得古原草送别》时就不见了,顾况感觉到眼前一亮,特别是看到那一句"野火烧不尽,春风吹又生"时,更是激动万分,拍案叫好。

顾况立马改口,连连称赞说:"有才如此,居亦易矣!"他此刻认为白居易是值得帮助的青年,于是答应了白居易的求助,帮助他结交长安的名人雅士,并在仕途上助白居易一臂之力。后来,白居易在官场上顺风顺水,仕途一路通达,先后任秘书省校书郎、周至尉、翰林学士。

两人愿意来往,不过是你手里有一个苹果,我手里有一个橘子,我们互相交换,能够尝到不同的味道,也就是说,资源上平等,彼此身上有能够吸引别人的地方,才能促进往来。而像白居易当时其实没有资源,但起码他有横溢的才华和潜力,这在将来就是很好的资源。

在社会当中,简单来说,你若想通过他人的帮助更上一层楼,你自己本身就要有能让他人看到的能力,或者一种潜在的回报。

3

现代人总是很着急,着急构建一个高大上的人脉圈,从而利用其中的资源和机会,实现自己想要的目标。但我们可否想过,别人为什么要把他的资源和机会给我们呢?我们没有才华,没有财富,没有任何可以吸引到他们的东西。如果提供不出和对方对等的价值,也就没有所谓的资格和对方建立赏花喝茶的平等友谊。

如果此刻的我们一无所有,最好的方式是凭借自己的努力一步一步地往上爬,想要与英雄煮酒论道,畅谈天下,一定要提升自己的能力,增加自己的价值。不要奢望用低声下气的姿态去获得所谓的友谊、资源和机会,也不要想尽办法,削尖了脑袋往"贵人"的圈子里钻。

以你目前的身份,向你引荐奥巴马又有什么用呢?

"酒肉朋友"只是你的路人甲

酒肉朋友,字面上的意思,当然就是可以陪你喝酒吃肉,但是遇到什么事情,就缩到某个角落去了,酒肉朋友,也指那些可以跟你共富贵,却无法做到跟你两肋插刀,同患难的人。

1

我在报社的时候,有过这么一件印象深刻的事情。

有一天,我联系好了去采访一个商家,约的时间是下午1点半,但早上10点,领导突然跟我说,她下午3点需要开会,要三份不同的文字材料,让我帮她赶出来。

我打电话想和商家改成晚上采访,不料商家说她下午4点就要赶飞机,去外地出差了,要一周后返回,而这篇采访的商家软文,又是规定了第二天必须见报上头版的头条。

我觉得我铁定是做不完了,无奈之下,只好拨通了一位朋友的电话求助,这位朋友原来是我杂志社的前同事,我把情况给他一说,请他帮助我赶一下材料,他立刻说,我马上到。

我想,以我对他的了解,他应该能在1点前帮我一起整理好材料,我再火速打车赶去采访。

不料,这位朋友带着他的一位朋友来了,一到报社,他们一番介绍后,就开始四处参观。然后在我的电脑前,拖了两把椅子坐下,天南地北地胡侃。从世界政坛到金融危机,从古希腊文明到历史渊源,我一面陪着他们胡侃,一面整理文件,心里急得直冒火但也无法发作。转眼到了午饭时间,我问:"你们吃什么?"朋友的朋友很"自来熟"地说:"楼下的川菜吧!"

于是我只好带着他们去了川菜馆,他们还要了啤酒,以酒开道、以酒会友,这酒喝起来也就没数了。我有材料压身,对朋友提醒了几次,他说:"别急别急,保证帮你搞定!你的事情就是我的事情!"接着继续喝酒聊天。

我一气之下,匆匆结账告辞。回到办公室后迅速查找资料,飞速转动脑神经,此时一位同事来帮忙,紧赶慢赶,1点25分的时候,材料终于差不多了,我连打车的时间都没有,直接冲下楼叫了个"摩的",一路载我到商家那里,完成采访,再赶回报社写稿子。

百忙中我出了纰漏,把商家的电话号码写错了一个数字,为这个事情,我被扣了当月的奖金和工分。

2

这件事情让我知道了,什么是"酒肉朋友"——酒肉朋友再多也无益处,无非吃喝玩乐,遇难事照样没人帮你。

看看我们的通讯录,什么样的人都有,但,真正痛苦时,或需要帮助时,把电话号码簿从头翻到尾,谁是那个可以第一时间赶到我们身边的人呢?大多数,都是和工作有关的朋友,一部分,是和生活有关的朋友,那么,和生命有关的朋友又有几个?

当然,这并不可怕,可怕的是,那些"酒肉朋友"占据了大多数人的通讯录。我的一个朋友说:如果微信不改真名,哦,不,即使改了真名,我也不知道谁是谁。因为,那些都是在各种交际应酬场合随手"扫一扫"的"朋友"。

其实,结交酒肉朋友吃喝玩乐,让自己轻松一下,也无可厚非,但是,请不要把期望值寄托在他们身上,否则,你将会因此而失落、痛苦。更不可以结交酒肉朋友为荣,大把大把炫耀自己人脉广。

3

那么,如何判断对方是真朋友还是酒肉之交呢?

我认为"路遥知马力,日久见人心",这些年,我也有了一定的经验。可以分享给大家做参考。

有一种"酒肉之交",最显著的特征是:喜欢在社交场合重复我们说过的话。就像一台复读机,初一接触我们会认为他非常热情、考虑特别周全。在交流的时候,他会反复重复我们说的话,比如,我说:"这朵花真好看!"他马上会说:"是,是好看!"通过这样的重复,他让我们感到他和我们是心气相通的。不过,等我们真的去找他们帮忙了,他们也无非是把我们的苦衷再次重复一次——并没有实在的帮助。

还有,我们常常看到这样的人,他们在朋友面前把胸脯一拍:"没问题,这件事包在我身上!"但这胸脯拍得越响,他的心里就越没底,不信走着瞧,睡一宿觉,第二天他就把我们的事情丢到了九霄云外,过些日子,我们再问他事情的进展如何,他能想起来才怪!

网络上有人开玩笑,说朋友像人民币,有真的也有假的,所谓酒肉朋友就是有事没事拉你出来K歌吃饭,做你的淘伴,但关于你的事情,他们从不过心,你可以保留这样的一些朋友,但是,你不要把你的希望寄托在他们身上,因为之于你,他们不过是路人甲。

不要在负能量的人身上浪费时间

现代生活,疲惫又忙碌,再加上各种压力袭来,我们当然需要有轻松的朋友,找个适宜的环境,把心中的苦水倒出来。但,就是有这样的一类朋友,把你当成了"垃圾桶",和他们在一起,他们的负面能量如洪水一样泛滥,让你整日浸泡在苦水中,哪里还有心情品味生活之美好?

1

王蕊的朋友叫陈珍珍。陈珍珍什么都好,就是性子简直是林妹妹的翻版。用王蕊的话说,就是那种整天愁眉苦脸,唉声叹气的小主。

每每有不开心的事,陈珍珍第一个想到的就是王蕊。看到朋友不舒心,王蕊当然是百般劝慰,让她凡事看开些,别总由自己的性子来。但王蕊的这番话,跟吹过去的一缕清风一样,人家陈珍珍就是听不进去。

那天,王蕊要和男友一起去拍婚纱照,正准备出发,陈珍珍微信上发过来一句"我不想活了,你在哪里?"王蕊一看,吓了一大跳。于是丢下男友,就奔向陈珍珍那里。一问才知道,原来陈珍珍和男朋友闹矛盾,她赌气说要分手,结果男朋友也很生气,说了一句"分手就分手",就把电话关了,陈珍珍这下真的急了,于是缠着王蕊,要她帮自己想办法挽回……

王蕊只得安慰陈珍珍,又是请吃饭,又是请喝咖啡的,总算是安抚住她了,回到家后,王蕊的男朋友很生气,问是他重要还是她的那个朋友重要?两人不欢而散。

这事还没完,因为陈珍珍的男友受不了她的小性子,这次真的是决定和她分手。

这下好了,陈珍珍寻死觅活的,不是不吃饭,就是哭个不停。就像祥林嫂一样给王蕊讲自己这么多年,苦心守候这份感情,男友怎么能这样,说分手就分手……王蕊安慰了她半天,因为手里实在是有工作要做,只好说:"我先回去把工作做完了,再来看你好不好?"不料,陈珍珍一听这话,顿时歇斯底里发作起来,说自己没有爱人,连朋友也不要她了……王蕊茫然了,无所适从。

2

我身边也有这么一位"负能量"的主,不过,是位男性朋友,姑且称他为才子先生,是我大学的同学。

才子先生,用他自己的话来说,就是年少时候家境贫寒,半工半读,他自认为写得一手好文章,还懂点乐器,类似二胡什么的,只是大学里什么社团活动却都没他的份,因为他见人就抱怨,不是认为某老师的资质平庸,就是觉得某比赛的评委有"黑幕"……

大学毕业后,我和他一起"北漂",我们难得见几次面,而每次见面,他都在抱怨,说北京很挤,说北京人很多,说北京的工作很累,说北京租房的价格吓死人,说北漂太辛苦……

我从不知道才子先生在幼年时期经历过什么,但偶尔会在他义愤填膺的公开言论中发现他试图隐瞒却又溢于言表的情绪,我曾经以为那些年所受的伤害会在他逐渐强大的过程中慢慢退化成一种记忆,而逐渐被他放下,但偶尔翻阅才子先生记录的文字,那一种对过往的执着黏附着他的生活,非但没有消退,反而有了愈演愈烈的趋势。

我告诉才子先生——让那些伤害成为一种记忆吧,不是要你彻底忘记,而是要你不要再反复回味伤害带给你的苦楚,积极乐观地面对生活。

但是,当我发现他听不进去我的话时,我只能义无反顾地和他疏远。

3

朋友虽然是世间最清纯的一种交往模式,但也要互惠互利的。你敬我桃李,我报以琼瑶,当你只会一味地索取和贪婪,任谁都会觉得疲惫,感觉郁闷。

有一类朋友,自己没有主心骨,却总爱把负面能量扔给别人,自己不舒服不说,还把朋友也拖得精疲力竭。他们把朋友看成他们的避难所、垃圾桶,他们自己不断地倾倒苦水,却从不考虑朋友的心情和处境。

如果你身边有这种人,那么最好"敬而远之"——因为,物以类聚,人以群分,跟着爱抱怨的人,你也会成为怨妇。

一个乐观向上的人,如果身边经常出现一个爱抱怨的人,那么你会发现从前乐观的那个人不见了,出现了一个疲倦、忧愁的面孔。情绪就是这么不讲理,它无孔不入,一不小心就把你传染了。

曾国藩曾在家书中写过这么一段话:"吾尝见朋友中牢骚太甚者,其后必多抑塞,如吴(木云)台凌荻舟之流,指不胜屈。盖无故而怨天,则天必不许,无故而尤人,则人必不服,感应之理,自然随之。"

我们无法选择自己的出身,但是却可以选择自己的朋友,选择自己的未来。

如果可以,不要在负能量的人身上浪费太多时间。去靠近一个正能量的人,让自己也充满激情和能量。

给你的"不满"穿件"糖衣"

生活中,我们都会遇到让自己不满的事情,那么,究竟该如何正确有效地表达不满呢?开门见山,直截了当?这当然是最简单的方法,但往往也很容易伤害到他人。如果我们不想让事情变得更糟,就必须掌握一些表达的技巧。

1

小青最近因为任务繁重已经连续加班一周到晚上十一二点了,可是领导对于她的工作进度依然不满,还当众批评她,对此她很是委屈。

就在领导第二次批评她之后,小青决定跟领导"摊牌"。

"吴总,我知道咱们保证进度非常重要,但我天天忙到深夜,就这样您还批评我。其他同事没啥活干,却没事,这样不公平。"

这下领导不高兴了,我批评你还错了,那这个领导你来当吧?偏偏小青又来了一句:"我觉得吴总您对我有偏见,那么多任务我天天加班也完不成啊。我要求减少我的工作量，不该我做的事情，就不能派给我。"

那以后领导彻底减少了小青的工作量——把她彻底晾在了一边，项目结束的时候，小青拿的分红是最少的。

另一位同事小张，也遭遇到了小青这样的问题，但小张是这样说的："吴总，我知道保证进度是咱们共同的目标和期望。这两周我每日加班加点，也没能赶上进度，实在是对不起，请吴总原谅。"

领导立刻回答说："不要紧，新人嘛，多学习学习。有什么不懂的地方可以去问老员工。"

过了几天小张说："吴总，姐对我很好，跟她学习到了很多知识，但是姐自己也有很多事情要做，我觉得目前我们要赶的是进度，为了不影响这个整体的进度，您看是不是可以给项目增加人手？这样既能保证进度也能保质完成。或者，您看能否根据工作量顺延一点时间？这样我也可以保证进度。"

结果领导派了老员工分担了小张的一部分工作。

2

这个故事告诉我们，直接说明是最简单的方法，但这很容易伤害他人，对于处理问题往往无益，甚至会使事情变得更糟。于是，如何表达不满，就成了我们必须要学的一门学问。

首先，先调整好自己的情绪，再去面对别人。

每个人都要面对不同的压力。你不说出来,对方也许根本没意识到你的感受。所以你有责任表达。化解了自己的负面情绪后,再理性地思考一下。

你和对方沟通希望达到怎样的目标?要求对方在行动上做出哪些具体的调整和改变?

这是你需要向对方清晰表达的。

其次,任何时候,对事不对人。

即便是很情绪化的时候,也要清楚:我们只是因为对方的某个行为而不满。千万不要因为一件特定的事,全盘否定、憎恨一个人,破坏了彼此的整体关系。

每个人都会犯错,但每个人也同时渴望得到他人的尊敬、爱和宽恕。所以,试着用积极的口吻开始对话,肯定你对对方的理解、支持或喜爱。并且在最后提出积极、具体的新方案。保持对对方的尊重和理解,会让沟通轻松、有效得多。

你可以参照这样的格式:"某某,我很欣赏/感激你(指出对方让你钦佩的特点)。但是,最近发生的(简单描述对方的行为),让我感到很失望/心烦意乱等等(用简单的词表达你的情绪)。因为(简单描述对方行为导致了什么不良后果,比如给你带来了什么具体麻烦)。我希望(指出你期待对方做出怎样具体的改变)。"

3

表达不满并不复杂,只要你能为自己不满的言辞包裹上一层外衣,让对方听得顺耳一些,对方一般都能欣然接受你的意见、建议。

你可以从侧面委婉地点拨对方,使其明白自己的不满,打消失当的念头。这一技巧通常借助于问句的形式表达出来。

你也可以找个借口,给对方台阶下。有些人之所以在交际活动中陷入窘境,常常是因为他们在特定的场合做出了不合时宜或不合情理的事,于是就进一步造成整个局面的尴尬和难堪。

在这种情形下,最有效的打圆场的方法,莫过于换一个角度或找一个借口,以合情合理的解释来证明对方的举动在此情此景中是不合理的,这样一来,对方的尴尬解除了,正常的人际关系也能得以继续下去了。

当遇到窘境或尴尬时,我们还可以通过幽默的解说将其诙谐化,把搞僵的场面激活,将尴尬化解。

最后,你在对某人某事表达不满前,你想要"甩手不干"前,首先应该做的是重新思考一下来龙去脉:你是否误解了对方?误解了某事?如果一切都是误会,大家只要开诚布公做好交流沟通,一切矛盾都会自然化解。

学点儿拒绝的艺术，友谊的小船永不翻

巧妙地拒绝他人，是懂得为对方留退路留台阶下，而不是让对方尴尬。学点巧妙拒绝别人的艺术，是为自己铺路，让自己的朋友路越走越宽阔。

1

我平时工作很忙，有一年，我好不容易等到了年休假，打算去九寨沟旅行。

在我发了朋友圈后，有一个朋友看到了，刚好那个朋友也要请几位同事一起到四川去玩，便极力邀请我同行，"那边所有食宿出行的事宜我都已经安排好了，你一个女孩子，就和我们一起吧，不仅省了路费，我们也好照顾你。"

起初，我一再推辞。可朋友很热情，弄得我很不好意思，最后实在没办法也就答应了下来。

但是，一路上，我的心情很不好，朋友和他的同事，住的都是豪华酒店，吃饭的地方也都是高级餐厅。吃饭时不喝得烂醉如泥都不肯罢休，去了景点穷凶极恶地拍照……

我真的无法适应这样的生活。

我想自己走,但是,那些朋友如此热情,怎么好意思不辞而别呢?

后来,我只能让公司的一个同事给我打电话,谎称公司有事,我要提前回去。

朋友信以为真,于是我才得以"解脱"。

其实朋友的为人真的很不错,最后还开车把我送到了车站,再三叮嘱我路上要小心,到了发消息等等。

所以,我才不得已要说个谎,否则两头都尴尬。

2

我们在生活中总是要面对不同的人和事,如果不想让自己委曲求全,我们要学点拒绝的艺术。

刚进入大学那会儿,总会遇见不知道如何拒绝别人的情况。比如,室友不想去上课就让我帮忙签到,如果老师点名也应付说一声到,反正老师低头点名,又不刷脸对号入座……

刚开始时,我也都乐意帮忙,然而时间久了,有一次我被老师发现了,狠狠地批评了我一顿。

我很生气,又不好说什么。

后来,一旦室友让我帮忙签到,我就和室友说:"老师检查旷课同学比较严格,我是有前科的人,恐怕不行了,要不然你问问其他同学,实在不好意思啊。"

那以后,我们的关系也没有受到影响。

我还有个室友叫小米,小米属于那种平时很节省的学生,往往月底了,我们的饭卡都刷光了,她的饭卡还有一百块钱左右,所以经常有同学问她借饭卡刷,一顿饭也是一二十块,碍于情面与朋友关系,她又不好意思问别人讨,而且,别人也不会主动提出还她,于是,小米就吃哑巴亏,想着既然是朋友,钱也不多,就算了吧。实际上很委屈自己。

几次后,她首先主动向同学诉说自己的穷,而不是一脸严肃地拒绝。她说:"我家的钱总是不按时给我寄,你们一个月充饭卡的钱,我要用两个月,等收到家里寄给我的钱了,我才能去充卡……唉,害得我天天吃面和食堂送的例汤!"

渐渐地,没有同学问她借卡了,且关系并没有因此而变差。

3

江松和王晨同时应聘去一家公司的业务部任职,在实习期,他们总是会接到很多供货商的电话,要求跟他们合作。

江松接到供货商的电话,都是先去问领导,得知领导没有合作意向,就直截了当地说:"我们领导说了,暂时不会考虑和你们合作。"如果对方再次打电话来,他就会说:"上次已经说了,合作是不可能的,为什么还要打来?没什么事情我就挂了。"

很快,江松的"直言不讳"就传开了,很多人都说,这个公司的员工素质差,蛮横无理,没过多久,公司领导便不再允许江松负责业务方面的事宜了。

而王晨接到同样的电话,他总是在对方讲完以后,再很客气地告诉对方:"感谢您的来电, 不过领导现在不在公司,我可以记录下您的具体合作意向,然后转交给领导,至于最终是否会与您合作,那就只能由领导定夺了。"

事后,王晨在工作记录中,整理出这些供货商的电话,给领导过目,当然他心里也清楚领导没有合作的意向。于是下次这些供货商再打来,询问进度时,王晨就告诉对方:"不好意思,我们公司有明确的分工职责,商业合作的事宜并不是由我来负责,所以具体情况我也不了解,我尽力,您再耐心等一下。"或者是:"您的要求我会帮您记录、申请的,一有消息,我会第一时间电话通知您的。"

很多时候,王晨还会暗示说:"据我所了解,我们公司的仓库已经囤积了大量的货物没有卖出去,暂时估计领导也不会引进新的产品,但是您的意向我一定会转达的。"

久而久之,这件事也就不了了之了,对方也就懒得再打电话过来了。但是很多人都记住了王晨,认为他态度特别好。

实习期结束后,公司留下了王晨。

在人们日常的交往中, 那些与别人相处得最融洽的人,并不是处处吃亏,为难自己,而是做得恰到好处。不将就,不攀附,有一颗强大的内心,从容地说出那个"不"字。